25岁以后，嫁不嫁都幸福

郑洁心◎著

不是千金女也能活出好命的变身术

东南大学出版社
SOUTHEAST UNIVERSITY PRESS

前言

你可以不要再呆下去了

最近听到一些故事，感觉非常的沉重。故事当中的女孩，在初恋那一关就跌跤跌得非常彻底。

一开始，男人以暧昧的姿态接近了她，让从没有谈过恋爱的她，凭着过去读罗曼史小说的想象力，以为那就是爱情。不知廉耻的男人利用女孩的天真与无知，为自己做事，他就像是一个爱情马拉松赛跑的教练，不断地在女孩耳边催眠着：“再多付出一点，我就会更爱你，你就会得到想要的幸福。”

但是男人自己在这爱情里做了什么呢？他无聊的时候才找女孩陪伴，他开心的时候总是在“手机收不到信号的地方”；他从别的女人身上得不到的服务，要女孩服务他；他从哥们儿身上得不到的援助，要女孩援助他。等到他非常确认，女孩已经深陷其中不可自拔时，就把女孩当腊肉晒起来：不准女孩打电话给他，那是一种冒犯；不准女孩MSN给他，那是一种冒犯；不准女孩去他工作或住家找他，那是一种……会让他报警的行为。

无论女孩主动为男人做什么，都会激怒这个男人。可怜的她，在爱情里被认定没有一点点自主权。结果原本该“分享”的爱情，变成了“独享”；该“分担”的生活重担，变成独自承担。男人把自己塑造成不可侵犯的天神，实际上是躲起来偷吃的小老鼠。

在这些男人当中，有些人表达能力很强，一边利用女孩，还一边说得天花乱坠，总之道理都站在他那边，女人就是爱计较、小心眼、疑心病重……令男人难以忍受。这些话听久了之后，女孩就觉得自己很糟糕，千错万错都是自己的错，是自己有病，男人还愿意和她在一起，真是“皇恩浩荡”。

或许男人说对了一半事实，那就是当女孩和他在一起的期间，确实有爱计较、小心眼以及疑心病重。我就认识这样的女孩，当她还在那段情感关系当中时，表现出来的诡异气质就像是被鬼附身一样，总是充满着不安、无助、自卑，就连她的女性朋友也很难忍受她。

但是当她换了一个男人之后，整个人的表现都不一样了。她的气质很优雅，谈吐大方，做事有条理，对人很和善，甜的简直就像一颗棉花糖，任谁见了她都想抱抱她。

因此，问题不是出在女孩身上，而是出在男人身上。话说回来，如果一个男人对待自己的女朋友就像对待奴隶一样，我想任何女孩都无法表现出自己比较好的一面。我不相信一个每天都在遭受言语辱骂、随时面临失去爱情的女人，眼神能有多温柔，心胸能有多开阔。

为什么离不开那些男人呢？

深陷在诡异爱情当中不可自拔的女人，最大的死穴并不是不知道被伤害有多痛、被欺骗有多呕，而是她们总恍惚地觉得，这是真正的爱情，有起承转合、高低起伏、跋山涉水、刀光剑影，没有错，和罗曼史小说差不多，和电影里演的一样。

虽然她们心中也常有不确定感，但总能在不好意思点破的猪朋狗友当中找到支持。

“没有错，他是离不开你。”朋友后面的话没有接着说，其实想说的是：“他没有可能再找到比你更瞎的人”；“是的，他很想见你。”朋友后面的话没接着说，其实想说的是：“你是他这个时间点唯一找得到也约得出来的女生。”“他真的很在乎你。”朋友其实想在“在乎”后面接上“你的贡献”。

于是身陷在诡异爱情中的女人，就把“付出”作为爱情最高指导原则，付出到剩下最后一滴血也还要付出下去。

爱情当然是要付出的，但不是这种“奴隶式”的付出、“被动式”的付出、“没头没脑”的付出。亲爱的你可知道，你也是这爱情的主人啊！既然你是主人，就有资格决定付出的计划和方向，有资格对他的计划和方向提出质疑。你的目标一点都不自私，是为两个人都好而付出，你有资格参与计划，他也有义务执行。但在这种予取予求的爱情当中，女生往往都只是“听命行事”，对于爱情并没有什么参与权。这并不是谈恋爱。

如果你是处在这种困境当中的女人，应该睁开眼睛看看，那些恋爱谈得很快乐的女人和另一半之间的互动如何。不是勾心斗角，也不是有多完美的驭夫术，而是主动体贴了解他人的能力。

没有错，这是你的人生、你的爱情，如果你不参与未来的规划，谁还有资格为你规划呢？

建立完全属于自己的城堡

为什么离不开那些男人呢？是因为“离开了就不知道自己该怎么办才好”？原来，女人对于自己的未来也毫无想法，所以把男人的未来当成自己的未来，如果男人不给她未来，她的下半辈子就会过得如同行尸走肉一般。

因此，对于二十五岁的女人而言，什么是最重要的呢？那就是建立起完全属于自己的城堡。你应该成为一个完全的人，而非只是一个女人，等待着结婚生子的女人。你应该趁着学问、脑力、健康和智慧都达到最高峰的好时机，创造属于自己的人生城堡。

你不只应该有工作，还应该要有自己的事业。这两者可是天差地别，因为工作有年龄上的限制、有景气好坏的限制，只要别人不给工作，就无法生存了。但是事业不一样，事业是一辈子都吃不完的金饭碗，它能在任何时期都变化出不同的形态，让你自主自立地活下去。工作和事业最大的区分，就是专业度：专业度越高，事业线就越长。

你应该拥有美丽，了解如何装扮表现自己，在这个社会上活出属于自己的精彩角色。美丽不只是为了爱情，在工作上同样重要。因为，表现出“把自己照顾得很好”的样子，是得到他人信任的第一步。

你应该拥有健康，趁着身体细胞还非常年轻的时候，好好地供给它们需要的养分，减少大吃大喝熬夜的生活，同时也为了保障你的肌肤年龄。

你应该好好经营和家人与朋友之间的感情，这些人将会是你这一生最好的后盾。别让自己成为一个孤僻又孤立无援的女人，不但在社会上容易吃亏，在遭逢困难时也难以得到援助。

看！你有这么多事情需要一点一滴经营起来，为什么还要呆立在一个往前无路可走，往后又无退路的爱情当中呢？你知道吗？当你还在发呆、犹豫不决的时候，时间已经悄悄地将你推往万劫不复当中。

在二十五岁开始建立起完全属于自己的城堡，比起三十而立之后才恍然大悟简单得多。因为你会逐渐忙碌，减少和朋友相聚的机会；你找工作时被要求的经验值越来越严格；而且，你犯错时受到的责难和付出的代价更是大不相同。

所以我不知道，你现在还在问“到底要不要离开这个要爱不爱的男人”，有什么好问的？如果你能预见三十岁之后的自己如此辛苦、如此狼狈，这答案应该再清楚不过。

Ⅰ 好脑袋才是你一辈子最好的朋友

CONTENTS

II 找出美丽的决胜点

Ⅲ 爱情，浅尝即止

CONTENTS

I

好脑袋才是
你一辈子最好的朋友

在这个信息爆炸的时代里，在这个谁都可以说上几句似是而非的语言的时代里，你是否有时也感到无所适从？不知道如何决定对自己最好？你是否偶尔跟着朋友和媒体广告瞎起哄，追逐繁杂的时尚流行事物，结果白白浪费青春瞎忙了一场，却没有得到自己想要的幸福？

其实，二十五岁的你最应该要追求的就是判断信息的能力。这种判断力是来自于知识基础与理性。辨别是非能力可以保护女人高枕无忧，也不轻易受到情绪和虚荣左右，以知识与理性作为基石，以自我要求作为原则，女人开心做自己，丰盛过生活，怎么活都能活得很好。

如何成为一个自信又自在的女人？
如何摆脱现在这种茫然不知所措的日子，走向人生的幸福之路？
其实，靠的就是学习，而不是什么幸运之神降临。

学习比什么都重要

女人最重要的资产是脑袋里的东西，而不是男人，而且通常是脑袋决定自己的男人。自己的脑袋如何，频率就如何，最后对上的男人也就如何。

虽然二十五岁已经是一个离开学校进入社会的年纪，但真正的学习是从这个时候开始。不可否认，离开学校之前，我们的学习都是被动的、多是为了学历、考试而学习。当我们离开学校之后，整个社会对我们来说就是一个似懂非懂的新天地，如果没有更主动的学习，根本不了解自己的处境以及人生方向。

此时的学习是更加多元的：化妆打扮自己也是学习，学习如何让自己得体地呈现在他人面前；说话也是一种学习，学习如何让自己言词达意，却又不失礼节；与人相处也是一种学习，学习拿捏分寸、互利互让。想要让自己在这些学习上更精进，就是要靠阅读，以及观察前辈的经验，再加上自己时时刻刻反省。

专业上更需要学习。很多人以为拿到学历或证书就等同于取得专业，那是错误的。学历或证书只是让自己获得一份工作的门坎，真正的专业是从开始从事这份工作算起。

因为只有真正着手实践所学，才是开始将专业结合在自己的能力中，成为完全属于自己的专业。举例来说，同样的服务工作，有些人以情感诉求服务他人，有些人以周全的服务细节为诉求，还有些人则认为，反过来教育客人遵守游戏规则才是王道。这些理念都各有优缺点，也都是建立在专业之上，可真正实践的时候，就是充满着个人风格。当自己的个人风格融入工作中，并持之以恒地做下去，最后获得肯定，那才会是一种专业。

我们与异性相处也需要学习。很多女生总是朋友、男朋友傻傻地分不清楚，一旦遇见异性，就像猫一样把全身的毛都竖起来，充满着警觉性。二十五岁的女性很容易将认识的异性都当成可能的选择对象。

如此一来，就会在异性面前显得不够大方自然，也会让人感觉非常不自在。因此许多人过中年的女性都告诉我，她们几乎没有什么男性朋友。没有男性朋友有两种情形，一种就是男性朋友等同于暧昧对象、男朋友的备位人选，因此和他们相处并不轻松，总要保持一条模糊界线；另一种就是只要面对异性就害羞、不知所措，所以身边只有女性朋友、姐妹淘。

这世界上有一半的人口都是男性，如果我们终其一生只

活在女性这一半的世界里，只能从女性这一半人口中获得友谊支持、意见交流，真的很可惜。我们需要试着学习和男性做朋友，不是把他们当作姐妹淘，而是采取包容和女性不同观点的生活方式和他们相处。

有人说，男女之间没有纯友谊。其实，只要是人，就能有纯友谊，因为友谊和爱情是截然不同的东西，它本来就是人们需要的一种独立感情。至于如何学习和异性相处，靠的就是自己去认识朋友，大方与朋友相处的经验，从过程当中去了解，找到适合自己的方法。

我们也需要学习交朋友。相信多数人在交朋友这件事情上，已经非常有经验，毕竟我们从幼儿园开始就不断地在交朋友。然而过去我们对于朋友的定义有点狭隘，只把能和自己无话不谈的人当成朋友，现在我们需要稍微将朋友的标准放宽，与各类不同的人交朋友，不必非常的深入，但交往时要维持诚实守信。

许多人在工作上也把客户当成是朋友，这绝对不是什么虚假的感情，虽然多了利害关系，少了无所不谈，但在彼此尊重信赖的前提之下，也可以是朋友。有了这一层朋友关系之后，双方谈事情的过程就会多了些默契，少了些麻烦。

很多二十五岁的女生都想问，如何成为一个自信又自在的女人？如何摆脱现在这种茫然不知所措的日子，走向人生的幸福之路？其实，靠的就是学习，而不是什么幸运之神降临。

在这一点一滴的学习当中，我们会从经验中不断地验证自己的理想、信赖自己的方向，也会在不适当的地方做一点小小的微调，当许多成功的经验累积起来之后，我们就会很信任自己，下一次再遇到类似的事情，一点都不需要惊慌，因为我们已经身经百战，知道一切终究会顺利落幕。

我们应该在年轻的时候，就尽量找到身心安顿之道。
近年来提倡正面思考，正向能量的书籍都非常激励人心，
有助于我们在实践梦想的路上，多一分支持力。

阅读能提升好气质

想要成长，想要活得越来越好，读书就是最重要的方式。借着读书，我们能察觉自己的身心状况，反思自己的处境，找出自己的人生方向。书籍里的文字纵使不能完全解答我们对于生活的迷惑，但总会提出些我们从未曾想过的观点，激发我们寻找答案的动力。

如果我们在年轻时读了许多书，就表示这些书里提出的问题，都曾经刺激我们的思考，即使一时还不会有答案，但是在往后漫长的岁月当中，在一波又一波的生存挑战当中，我们可以因为思考过这些问题，而大胆地假设一个答案，进而去验证它，接着在成功或失败的结果当中，找到真正属于

自己的解答。其中，女性成长书籍是非常重要的。它们的内容即使不完全是对的，但一定提出多数人都关心的问题，激发我们去思考评判。

心灵对女性来说非常重要。女生很容易陷入情绪网络中，纠缠而无法自拔，还不小心做出错误的选择。我们应该在年轻的时候，就尽量找到身心安顿之道，这能帮助我们少走很多冤枉路，少受无谓的情绪折磨。近年来提倡正面思考，正向能量的书籍都非常激励人心，有助于我们在实践梦想的路上，多一分支持力。

阅读不只是文字上的阅读，就连耳朵也该读一些动人的声音。美好的音乐是女性不能缺乏的生活粮食。它们是辽阔的草原，任凭我们的心灵徜徉奔驰。女生的心里应该常常有美好的音乐响起，那会使我们看起来更美丽、更容光焕发。

图像的阅读也很重要，能提升女生对美感的敏锐度。无论是古典艺术作品，还是现代艺术设计，其中充满着以美感为主轴的巧思，非常有趣味。每一个女生都要有美感的审阅能力，而不只是靠时尚杂志判断美丑。如果要更进一步来说，对于美感的审阅能力，就是我们说的品位。有了自己独一无二的美感审阅能力，我们的装扮才能从众多人之中跳出来，独树一格，第一时间就不容别人小觑。

虽然进入职场之后，能真正定下心读书的时间不多，不过，利用一点点空闲之余，小读一段文字、一个想法也足以。我建议二十五岁的女生，在自己的包包里，除了放置各种化妆品之外，也不妨多放一本小书，把握一点时间阅读，也把握一点为自己思考的空间。

想想看距离你最近、可以进入那个梦想的管道是什么？
去做，就对了。虽然距离目标还非常遥远，但做了就是一个开始，
而且逐渐在执行的过程中挖掘出自己的能力。

发掘自己的能力

许多二十五岁的女人表示，她们不知道自己要做什么？能做什么？对自己的未来很茫然。

如果你也面临这种困境，躲在家里苦思是没有用的。如果没有采取行动，不会是有用处的思考。要从困境中走出来，就要采取行动。

但一开始你根本不知道如何行动，是吗？我建议从你在学校所学的专业开始下手。你说你根本不喜欢那些学科，但你一定还没有相关实际的工作经验，所以说不喜欢还太早。至少给自己一年的机会尝试相关工作，真的不行，你这一生才能就此摆脱它的纠缠。

也许你内心深处也有一个梦想没有对别人说，因为你一直以为是幻想而已。例如，或许你想当空姐、想成为画家、想从事网拍工作，你没有说出来，是因为担心别人泼冷水，但放在

心里面却又得不到任何奥援。

你可以想想看，距离你最近、可以进入那个行业的管道是什么？去做，就对了。曾经有毫无美术根基的女孩，为了实现当画家的梦想，就去学画画，接着去杂志社做一份薪资很少、工作内容很无趣的美编工作，但那就是她梦想的起跑点，虽然距离目标还非常遥远，但做了就是一个开始，而且可以逐渐在执行的过程中挖掘出自己的能力。

有些女孩从便利商店员工做起，因为她梦想自己开店当老板，想更了解服务业。多年以后，她果然开了一家服装店，过去在便利商店的管理经验，使她有能力把自己的商店管理得更加有声有色。

想要跨出原本所学的领域，势必需要从头开始，虽然梦想很浪漫，但做起来会更辛苦。如果我们只想着一步登天，就会裹足不前，因为从零到登天，还有一番努力要付出，没有一个环节能被省略。我们需要从头开始，不是我们特别爱吃苦，而是从这些过程中，可以不断地发掘出自己的各方面能力。

如果你还非常地担忧，不敢跨出第一步，那么阅读相关书籍就是你最好的接触管道。你想要从事什么行业，可以选择相关的书籍阅读，也可以从网络上找到大量资讯。如果你正好有一些从事相关行业的朋友或前辈们，就多向他们请教。最重要的是，不要犹豫太久，这一切只是暖身，真正的起跑点，还是从你动手做开始。

也有女生会担心，这个工作会不会赚钱？能不能生存？在这样一个开放多元的时代里，只要是合法不伤害自己的工作，都有很宽阔的生存空间，至于报酬，每一个行业都是平等的：投入工作的努力有多少、专业度有多高，收入就会节节高升，任何一个行业都一样。

除了工作上的能力之外，生活上的各种能力都应该持续提升。很多女生认为生活杂事是妈妈的事、是菲佣的事，因此不愿意去接触，结果变成一点生活能力也没有，只要妈妈不在、菲佣请假，生活就变得乱七八糟。

女性确实已经不需要周旋在家务当中，但是原本每一个人就需要打理自己的生活，包括男人也是，这是人生最实在也是最值得付出的一部分。无论是了解自己的饮食、起居空间，掌握自己吃的、用的、穿的，都不应该假手于他人，这也是让我们从中体会出生活品位的方法。

很多女生问我，年轻时最需要做什么？谈恋爱吗？赚钱吗？其实最需要的，就是把内心潜在的能力挖掘出来，因为这是我们一生赖以生存的根基，比任何资产都更有价值，它能够为我们变化出幸福的面貌。

兴趣不等同于玩乐，玩乐是为了纾解压力，
兴趣却能激发我们内心的热情。在工作之外，如果能够发展兴趣，
生活才会充满趣味。

发展自己的兴趣

我认识一些女生，不工作的时候就在家里，休闲生活不是上网就是看电视，再不然就是睡觉。她们并不是故意让生活如此枯燥乏味，而是她们很努力地工作赚钱，想要为自己累积第一桶金，所以不做多余消费。

另一些女生则是不工作的时候都在消费，休闲生活就是逛遍各大百货公司和特卖会，采购一堆商品回家。如果说她们真的非常喜欢那些商品倒也不是，主要是为了“得到”当下的那份快乐。曾经作为一个热爱购物的女性，我很清楚提了十个购物袋回家之后，一个都不打开却很满足的感觉。多数女生都说自己的兴趣是逛街购物，其实逛街购物不能算是兴趣，只算是

平衡生活压力的一种手段。

每一个人都需要培养发展自己的兴趣，生命的热情才有投注的力量。有些人的工作就是兴趣，有些人把工作和兴趣分开，其中相同的是，她们总是愿意在自己的兴趣上，不计代价地付出。

在充满着功利主义的社会里，我们需要有一个甘愿不计代价付出的兴趣，才能保持我们对自己的认识，不至于使自己变成一个工作赚钱的机器，到最后却不知道为何而活。

兴趣不等同于玩乐，玩乐是为了纾解压力，兴趣却能激发我们内心的热情。在工作之外，如果能够发展兴趣，生活才会充满趣味。无论是画画、语言学习、摄影，还是博客文章分享，都是值得发展的好兴趣，在因为热爱而钻研的过程中，我们会不断地发现惊喜，甚至能从业余发展到专业。

没有自我兴趣的女人，很容易令人感觉索然无味，即使一开始亮丽的外型引人注意，但一旦深入认识后，就会令人感觉乏味，不知道该和她说什么。她们表现出来的样子，不是制式化的工作反应，客套礼貌加上暗藏心机，就是开口闭口都是股票基金，说来说去都是珠宝衣服、男人与价格。

提到生活，她只知道请什么佣人最好；提到好食物，她只认识好餐厅；提到服装，她就说各大精品最新一季的颜色与款式。当女人的生活过成这个样子，就是一个“金钱”可以说尽、看尽。

有自己兴趣的女人，才会有独特的魅力。因为她表现出来的气质，就是真正懂得生活，有投注的热情所在。她热爱旅行，就是对旅行的细节和感动说得头头是道；她热爱学习，就是对各种讲座都了若指掌；她热爱烹饪，一提到食物、调味料和锅具，眼神就发亮；如果她提到花草，你就知道，她再也不是她，而是花草的代言人。这种热情使每一个平凡的女人，都展现出内在的涵养与魅力，是最迷人之处。

我们其实更需要关注成功女人“付出”的那个部分，
因为这才是支撑着她们实现梦想的基石，
而越高的梦想，付出的代价越大。

认识成功女人的“付出”

没有错，你我都想成为一位成功的女人，和那些名女人一样，享受着被许多人崇拜、拥有许多金钱、事业成功、名利双收。每当看着那些名女人时，你的心里总想着：为什么她可以这么好命？难道就是天生八字比别人好，所以好事情都不停地向着她飞扑过去吗？

我们学习这些女性的穿着打扮，学习她们的谈吐与行为，爱她们所爱的一切，追随她们公开追随的人和事物，午夜梦回，还总不小心以为自己就是那位成功女性。

但实际上，我们做的这些事情只是在做一个“自己像她那么好命”的梦而已。我们其实更需要关注成功女人“付出”的那个部分，因为这才是支撑着她们实现梦想的基石，而越高的梦想，付出的代价越大。

一位事业上有成就的女性，她的人生一定多投入在工作中，工作就是她的生活。这些女性不但比别人更多时间工作，工作的态度也非常敬业。当你接近这种女性时，会发现她在工作上的专业比一般人更精确。

她不能容许工作上“大概”、“差不多”的事情发生，总是愿意投入更多时间成本，与合作伙伴把事情做到最好。日积月累下来，对别人而言非常棘手的工作，对她来说却易如反掌，此时令人崇拜、仰赖的她，就是我们所羡慕的成功女性。

如果想成为一位小富婆，对金钱的敏感度与重视度是不能马虎的。一位富婆曾告诉我，非必要的生活开销，她连一块钱都要记账，但该花钱的时候，数字就不是问题。至于什么是该花钱的时候呢？那就是：如果不花这个钱，日后就需要花更多钱来解决困难，就该花钱。例如，与健康或危机有关的事情；或者是，如果花了这个钱，日后就会为她带来更多财富。

她之所以能成为富婆，就是因为她对于该花的钱与不该花的钱，判断比别人精准，理性上的控制也比别人好。这种能力，靠的就是日常生活中用心去琢磨，并且记取失败的经验。

一位爱情上非常称心如意的女性，她必然在爱情里付出相当代价。说到这里，或许有人会说："我在爱情里也付出一切，但爱情始终没有称心如意啊！"那是因为，她们所认知的"代价"，就是作为一个无怨无悔、任劳任怨的爱奴，但那并不是爱情该付出的代价，那是"为了得到一个不属于你的人"的代价。勉强一位对你无任何爱情的男人与你在一起，代价就是无底洞，它不会使你得到爱情，只能换取"和他在一起"的入场券。

爱情就是很自我很直觉的东西，没有就是没有，付出也换不到爱情。我所说的爱情里的代价，是在这个男人也很爱你的前提下，你受到宠爱时，还能为他着想少拿一点；你得到包容时，还能为他着想少任性一点。

如果你没有看见成功女性"付出"的那个部分，就会一直以为那些成功是出自于美丽、出自于好身材、出自于金钱或权势。但这些都是努力后的成果，不是原因。在得到这些的过程中，她们和现在的你一样，面临着各种"好处"的抉择，例如事业或家庭、金钱或名誉、自由或安全感；她们也面临着咬牙苦撑的过程，例如当一而再、再而三地遇到挫折时，没有谁能告诉她们该放弃或是该继续；她们也需要有所牺牲，撇下那些对她们而言不重要的享受，只专注着努力所执著的目标。

我们欣赏她们如今的光鲜亮丽，更要欣赏她们其中的坚持与勇气，如此，才有助于我们学习并且效法，跟随她们的脚步，一步一步地，达到自己的目标。

观察并学习有成就女性的谈吐应对。
有成就女性身上更可贵的资源就是为人处事的态度。
请好好咀嚼她们这些表现背后的判断和道理。

接近有成就的女人

也许你现在非常地依赖姐妹淘，因为姐妹淘懂你、了解你、包容你、照顾你。和姐妹淘在一起，你比较有安全感。但是你身边所谓的“朋友”，不能只有姐妹淘，你更要接近那些已经有成就的女人。

为什么你不愿意接近那些已经取得很好成就的女人呢？主要的原因，就是你非常地怕生，而且害怕那些人不够懂你，会不小心伤害你。如果每当你看见那些很有成就的女人，就看作是“不同世界”的人，连和她们吃顿饭都感到别扭为难，你可能需要好好改变心态。

那些有成就的女人，内心深处依然有柔软的角落，她们通常愿意给其他成就不如自己的女性多一点包容，这是出于本能。也许你在职场上就时常遇见有成就的女性长辈，请练习好接近她们的方式。

尽管你年轻爱打扮，但是打扮一定要懂得看场合，不是任何场合都要把自己变成孔雀。或许你有时会怀疑别人忌妒你的年轻美丽，但实际上，别人只是担心和一个无法搞清楚场合和状况的女生一起工作，会不会给自己造成多余的负担？会不会搞砸了工作成果？一个连打扮都不会看场合的女生，会不会看场合说出得体的话？这实在很令人担心。

保持礼貌是很重要的事情，但不是那么严肃的事情。所谓的礼貌，也不是正经八百地说话做事，只是应该把别人的感受考量进去。无论你是保守派、活泼派，还是kuso派，都没有关系，但是谈吐行为一定要注意别人的感受。

观察并学习有成就女性的谈吐应对。有成就女性身上更可贵的资源就是为人处事的态度。我认识一位事业成就非常好的贵妇，她待人很周到，说话很得体，但在谈话过程中，只要提起与她重视的原则相关的话题，她的用词就会倾向不得罪人的坚定。如果你也有机会认识这样的女性，请好好咀嚼她们这些表现背后的判断和道理。

得到有成就女性的肯定。年轻的你需要长辈提携，但是长辈提携不提携，看的不只是交情，还有“提携这个人之后，会不会砸掉我的招牌”？如果你们之间交情够好，或许能从这些有成就女性身上得到一点好处，但是你必须是一个有责任感与自我要求的人，别人才会把大事交给你去处理。

主动提供协助。有成就的女性主动欣赏他人，主动掌握自己的人生，而不是像三姑六婆一样，依赖甜言蜜语活下去。你应该抓紧机会主动协助那些有成就的女性，这并不是出自于讨好，而是要让你的做事方法被肯定、被看见。这算是一种自我推销的方式。你也不需要特别讨好有成就的女性，反而要展现自我的价值。

自古有言，“近朱者赤、近墨者黑”。二十五岁已经是一个非常成熟的年纪，不能像孩子一样，只想到处找人诉苦、找人撒娇，只想和姐妹淘们闲晃度日。你应该打起精神接近有成就的女人们，看看同样身为女性的她们，如何在社会上成就自己的梦想？当她们面对挑战时，是抱着什么态度？这将是你逐步开展梦想的起点。

每一个人都可以非常坚定地肯定自己的人生，
如果看见别人的成功是你也想要达到的目标，
就用正确的眼光去看待它，看待别人如何实现梦想的历程，并向他学习。

撇开忌妒心 才有好未來

你喜欢和同侪比较吗？你觉得她们拥有的一切都比你好吗？是不是有时你也抵挡不了内心的恶魔作祟，心里默想着：她们之所以能够拥有这一切，是因为她们偷偷做了不好的事情抄捷径。

为什么你不肯相信，她们是因为非常地努力，而且努力的方法很对，所以才得到工作上的成就？为什么你不肯相信，她们是因为在待人处事上非常地用心，所以才得到社会的肯定？为什么你不肯相信，她们是因为在爱情里用心付出、用心地要求自己，才能得到一个条件很好的男人的爱与信赖呢?

没有错，那是因为这些发展很成功的同侪们，当你看到她们的时候，总是意气风发，没有半点委屈的样子，所以你就以为命运之神对她们特别好，而忌妒起来。

我们把她们的生活想象得太完美，那是因为我们一点都不了解她们的生活。我们不愿意承认，她们做到我们所做不到的。例如，花更多时间在工作上，即使是假日需要工作，也绝对不惦记着百货公司大打折的事情；愿意用更多心力提升自己的专业能力，即使她们的事业已经发展得很不错；当她们面临工作上严苛考验的时候，她们凭借着最大的毅力与勇气，把它闯过去。

我们不愿意承认，她们比我们更坚持想要达到的目标，所以才能得到。例如，面对爱情条件的选择时，她们有所坚持，也有所退让；面对爱情里的挑战时，她们选择面对、处理，而不是到处找人碎嘴发泄压力；想要与一个人共同实现爱情承诺时，她们直接着手去处理各种问题，而不只是指挥着另一个人配合行动。她们可不是天之骄女，她们可是做了很多我们连尝试都没有勇气去做的事情。然而，忌妒心左右了你的判断力，让你无法正确地判断别人成功背后付出的代价是什么。

别人的人生不是我们的人生，即使全盘复制了幸福，我们也未必能享受其中的快乐。因此，每一个人都可以非常坚定地肯定自己的人生，如果看见别人的成功是你也想要达到的目标，就用正确的眼光去看待它，看待别人如何实现梦想的历程，并向他学习。

肯定自己就能帮助你撇下忌妒的有色眼镜，更清楚地看见这个世界是如何运作的，如何协助每一个人实现梦想。不要用忌妒心欺骗自己，要撇开忌妒心，才会有美好未来。

当我们说别人的是非时，自己已经落入一个圈套，
那就是使思想随着脆弱的人性被牵动，
为了符合自己内心恶意的想象把事实曲解，在过程中也伤害了当事人。

说长道短的毒素

年轻的你喜欢谈论别人的是非，多半并没有什么恶意，只是想要与同侪分享一些好玩的事情，借此促进同侪之间的感情交流。年轻的你不但说别人的八卦，也说自己的八卦，因为你不确定这些事情的是非曲折，也想参考其他人的意见。

好奇心的满足，是每一个人都需要的，不过，你更应该逐渐练习从“听说”当中把真相抽丝剥茧，改成从“观察”当中把真相抽丝剥茧。也就是说，你应该从这些八卦事件当中，透过自己的观察、找资料和研究，判断其中的是非曲折，锻炼出更好的判断力。

“听说”最大的好处是：非常容易就能了解真相。你通过一个人使用有逻辑有层次、使用你能理解的方式把事情说给你听，可以省下很多功夫。一件事情如果通过自己观察、研究、寻访，可能需要花费不少时间，才能得到一个模糊印象。但是“听别人说”就很容易，只要两三分钟，就可以粗浅地了解一件事情。但“听说”也是最危险的理解，因为它使事情的真相加入太多人的主观意见，那样的理解是非常危险的。

举例来说，如果某人跟一位经济条件很好的男性交往，这个事实从不同人嘴巴里“听说”到的故事就大不相同。如果是一个心态很正常的人，就会说：“某某某最近交男朋友了，听说那男生条件很不错。”如果换成另一种人说明，就会说：“某某某真是好运，交往一位有钱的男人。”如果再换成另一种人说明，就会说：“某某某三个月前把前男友甩了，我看八成是因为爱上这个有钱男人的钱，所以移情别恋。”如果再换成更极端的人说，就会变成：“某某某现在不必工作，因为她找到男人包养她了。”你看看，“听说”得到的讯息所曲解事实的程度有多可怕！你还敢轻易加入“听说”的行列吗?

当然有时“听说”是非常吸引人的事情，因为别人为事实加入的“夸张”元素，紧紧地抓住人性当中的忌妒心、好奇心，让人欲罢不能地想继续听下去。“听说”勾起人性最脆弱的一面，让“真实发生的故事”牵引出每个人心中的贪婪、欲望、怀疑……相信任何暧昧诡异的说法，却始终不相信事实。

当我们说别人的是非时，自己已经落入一个圈套，那就是使思想随着脆弱的人性被牵动，为了符合自己内心恶意的想象把事实曲解，在过程中也伤害了当事人。

但最重要的是，自己在其中也失去了正确的判断能力，曲解事情原本的演绎逻辑。久而久之，这成为我们的思考习惯，等遇见类似的事情时，我们便从错误的思维逻辑去判断，结果每个判断都是错误的，每个决定也是错误的。我们不断地做错

事情，只是因为我们太爱对别人指指点点、说长道短，结果脑袋里的思维全走了样。

所以，不要把“听说”作为得到资讯的来源。如果是你不感兴趣的事情，就不要听也不要说；如果是你很感兴趣的事情，那么多花点时间去观察了解，这才有助于你的观察判断能力训练。

当我们在生活上遇见难题，
并不是到处寻求特效药、直达车，让我们脱离现状，
而需要先好好地思考问题所在，去发现是什么使我们不舒服、不开心。

先思考问题
再寻求答案

常常有女生问我，她们当下面临了感情问题、事业问题，该选择留下还是离开？该选择转业、深造，还是继续坚持下去？每个人都那么急切地想得到答案，就好像如果有神仙可以指引她们十年后的未来，她们就会遵行不悖。

然而，在她们静下心之前，她们都只是跟着别人的答案团团转、瞎忙的人，因为别人给的指引不见得适合她们。只要是利人也利己的选择、不投机取巧的选择，都是好的选择。这些选择非常多，我们只能用自己的方式完成每一条道路。

举例来说，在现今提倡环保爱地球的潮流下，你不一定能够过素食生活，但是一定做得到降低购买动物皮革的机会；你不一定那么细心会随身携带免洗餐具，但是也许可以做到降低塑料袋的使用量，而这些事情也都能达到环保爱地球的目标。

我们都希望拥有财富，但是每一个人的本能不一样。有些人特别有能力赚钱，因此或许“节俭”就能使他致富；有些人特别有能力投资，那么即使他所赚的钱不多，也可以靠着投资有道获取财富。每一个人身上都有一些聚财的特质，而能否达到聚财的目的，靠的不是去做那些自己根本做不来的选择，而是把自己内在的能力先挖掘出来。

我们都希望美丽，但是每一个人的美丽也都不一样。有些人的眼睛特别美丽，有些人的嘴型特别美丽。如果你不知道自己的鼻子有多美丽，不去好好地展现它，反而一直在不够好的眼睛上下功夫，会更容易让人发现原来你的眼睛不太美丽。

所以，当我们在生活上遇见难题，并不是到处寻求特效药、直达车，让我们脱离现状，而需要先好好地思考这些问题所在，去发现究竟是什么使我们不舒服、不开心。难道只是别人一句无心的话语？还是根植于我们内心深处对自己的不自信？或者是我们很难释怀的某一件往事？

我常常说，如果把问题都归咎于别人所做的事情，也许一时会感到心里愉快，但那不过是麻醉剂而已，等药效退了之后，问题与痛苦还是会追上来。因此当你一遇见难题的时候，别急着怪别人，反而要想：在这件事情上，我扮演着什么样的角色？我对整件事情结果的影响力有多大？我能否改变一点方式，下次就会改变让我不愉快的结果？

答案就在每一个人的心里，只要静下心来，都能够找得到。你，就是自己的命运主宰。

我们要让自己像一块海绵一样，
从认识的人身上不断地吸收珍贵的想法，让它们在内心种下种子，
在未来发展为属于自己的成就。

和有人生规划的朋友交往

二十五岁的女人，要懂得交朋友。你的生活不应该只有姐妹淘、男友和暧昧对象这三种。这个世界很大，各种不同的人很多，其中有太多可爱的人值得认识，有太多很棒的人值得接近。更重要的是，有太多人值得你学习。

我们要让自己像一块海绵一样，从认识的人身上不断地吸收珍贵的想法，让它们在内心种下种子，在未来发展为属于自己的成就。如果你现在还对自己的未来很茫然，最好的方法就

是和已经有人生规划的前辈们交朋友，或者通过阅读书籍，促进自己思考未来的方向。

如果只是和一群同样不知所措的人瞎耗时光，是没有一点用处的。至于到哪里去交朋友，最好的地点还是职场。有人感叹说，职场交不到真正的朋友，那是错误的，其实职场上才能找到真正对你有帮助的朋友。他们不是互倒垃圾的工具，而是真的能基于感情互利的朋友。

在职场上交朋友，也不同于一般朋友交往的方式。你不需要对人说明自己的祖宗八代，对别人交代前尘往事，最重要的是，在交往过程中，一定要维持自己是一个有信用、值得信任的对象，才能真正深得人心。

我们应该多接近人生已经上轨道的人，看看他们如何规划自己的人生，如何让自己从没有目标到有目标，从没有事业到有事业，从没有资产到有资产，这是非常重要的。想要接近这样的人，就要一改那种仓仓惶惶的小女生性子，以更大方的姿态展现自己，更要一改碎嘴八卦的个性，只说正面的语言，不说负面的批评。让别人知道你是一个积极上进的人，积极上进的人才会接近你，别人也才会给你积极上进的机会。

或许和这类已经有人生规划的人在一起很无聊。他们通常把心放在事业上比较多，交际应酬也不会一时开心就去续摊，不和你说八卦，不太聊心事。他并非刻意隐藏自己真实的部分，只是他不觉得什么问题都需要拿出来和朋友讨论。他知道什么问题该找什么样的人解决，说心事只是把自己的问题丢给别人而已。

在每一个领域上的佼佼者，都是经过一番拼斗才出得了头，
因此他们不会只有我们所想象的那种轻松工作却光鲜亮丽过生活，
他们有许多想法都值得挖宝。

找一个偶像为目标

想象十年后、二十年后的自己，或许不是那么容易，但是我们可以从一些名人的形象上，找出自己的方向。

哪一个人的成就是你特别想要的？哪一个人的为人处事是你特别佩服的？可以透过阅读和他们相关的报道与书籍，了解他们的努力过程以及奉行的人生哲学。

在每一个领域上的佼佼者，都是经过一番拼斗才出得了头，因此他们不会只有我们所想象的那种轻松工作却光鲜亮丽过生活，他们有许多想法都值得挖宝。就像一般女生减肥，也会把想要追求的女明星海报贴在房间里，督促自己更努力行

动。有了明确的目标，成功就距离不远，所以我们也可以把自己想要追求的成功目标化为具体的书籍或图片，放在每天都看得见的地方，让它做为自己精神上的导师。

当然，最重要的还是自己要付诸行动，想要什么，无论距离多么遥远，都要有一个开始。哪怕是一个最卑微的工作，都会是梦想最初的源头，每一件事情都要全力以赴，同时，不忘定时检验自己达成了多少。

然后我们应该要远离无所事事的人。什么是无所事事的人呢？就是过一天算一天，不知道十年后的自己会成为什么样子的人。无所事事的人在工作上没有定力，总是三天两头换工作，但每天都在想着一步登天。他花的钱比赚的钱还要多，想要的目标总是高过于实际很多很多。他分明是在透支自己的人生，却老觉得自己高人一等；也有些无所事事的人是完全不工作，每天都在风花雪月过日子。

每一个人都应该有自己的工作。工作能让自己融入社会，面对现实人生，并且懂得他人在社会当中需要被了解关怀的部分。

关怀他人，是我们一辈子都需要学习的，通过关怀他人，我们才有机会成长，享受与人之间互动的暖流。你所认识的那些成功女性常拥有许多所谓的“人脉”，那并非靠美色得来，而是靠真诚地关怀他人而来。即使在最血淋淋的商业交易当中，人情依然是最打动人心的行销方式。

如果你还不知道自己要做什么，不妨从寻找一位自己喜爱的偶像开始，无论是明星、名人、政治人物、学者、文学作家，请仔细阅读他们的相关报道与书籍，用心了解他们在做每一个抉择时的考量，你也会在潜移默化当中，逐渐找到自己的方向。

II

找出美丽的决胜点

你喜欢自己吗？前几天听见一位长得很漂亮的女生说，她想去削骨，听得我冷汗直流。没有错，以标准值来看，她的颧骨的确是高了一点点，但怎么看总觉得，那个小小的瑕疵在她的脸上是浑然天成的，彷佛是针对她的美丽所刻意布局，如果少了那个颧骨，感觉就是怪。

其实她最美丽的是她的嘴唇，丰厚微翘，非常性感，可每一次出现在朋友面前，她总是使用非常多的化妆功夫去掩饰颧骨的部分，结果，反而大家都很容易把焦点转移到她那过分用心掩饰的颧骨上。

如果无法找出自己美丽的决胜点，只是一昧地钻研自己身上的缺点，女人看起来是不美丽的，而不美丽的原因，就是因为她永远只认识自己的瑕疵，不认识自己的美好。

其实女生打扮自己，也是认识自己的一个过程。
在这个过程中你会发现，原来穿了不同衣服的自己，
呈现出来的感觉是不一样的，使用不同装扮方式的自己，
给别人的感觉也有所不同。

找出自己的美丽

相较时下多数女生热衷于打扮，有些女生完全不爱打扮。在这些女生当中，有些只愿意在专业和工作、生活上下功夫，所以不把心思分散在无谓的装扮上；有些女生则对自己的外表没自信，怕穿了裙子会被嘲笑，怕化了妆会怪怪的。她们不敢踏出装扮的第一步，就如同对任何新鲜事物都裹足不前一样。

女人要打扮自己，并不是要每个女人都涂上厚厚的粉，踩着高高的高跟鞋走路，就像满街妆容看起来都差不多的女生一样。其实女生打扮自己，也是认识自己的一个过程。在这个过程中你会发现，原来穿了不同衣服的自己，呈现出来的感觉是

不一样的，使用不同装扮方式的自己，给别人的感觉也有所不同。

你的内心有很多面，有认真工作的那一面，有轻松自在的那一面，有开朗活泼的那一面，也有严肃的那一面。装扮自己，是不言而喻地表达自己，比语言更有说服力。

女性可以尝试各种装扮，在这之前，不是了解各种装扮商品，而是了解自己的美丽决胜点。如果脸蛋是你的优势，你就应该在脸上锦上添花，美得让人忘记你的身材不够好；如果身材是你的优势，就别花太多心思在脸上修补，万一技巧不够好，也只是自曝其短。

装扮也要适可而止。虽然说女人的衣柜里永远少一件衣服，不过女人购衣的思维也要稍微修正一下。多数女人购衣时，总抱持着太不切实际的想法，以为穿上某一件衣服，就能像某个女明星一样，没有考虑到自己本身独特的条件，做更实际的考量，结果衣服就像过高的眼光，看起来美好，但个人本身条件达不到，人反而被衣服“吃掉了”。我常常看见女生穿着很漂亮的衣服，但是不适合的衣服却反而盖过她的美丽，让衣服高过于人，非常可惜。

女人应该时常照镜子，面对自身条件，找出自己的美丽。

如此，我们在装扮自己的时候，才会更有依据，也不会发生打扮过犹不及的窘境。

装扮的好坏，从别人的眼光中就可以知道，而我们透过别人的眼光，能了解怎样的自己最受到欢迎。把这个经验记忆起来，就能成为往后掌握人际关系的方式。

为了健康的缘故，没有理由不瘦身，
而瘦身的目标与标准，也应该以健康的标准来追求。
所谓健康地瘦身，不是只有追求体重计上的数字。

瘦身是为了自己好

减肥药可以说是20世纪最受欢迎的产品，无论实际作用如何，只要冠上“快速”、“不挨饿”的说词，就能使女人疯狂购买不手软。

到底需要不需要瘦身呢？其实更应该讲究的，是检视自己有没有过一个身心安定的生活。很多人都说心宽体胖，可实际上过度肥胖的人，还是有情绪上的困境，她们多把情绪纾解托付在食物上。一位专业营养师告诉我，其实我们的身体需要多少营养、需要多少食物，都是固定的，身体也会以饱足和饥饿来控制摄取进入身体的饮食。

这个意思就是说，在身体和心灵都健康的情形下，我们摄取的饮食和代谢出去的热量会达到基本平衡，即使不必刻意节食，也不会过胖。他说，有些人需要吃过量的食物，才会感觉满足，那是因为情绪失调，心灵上的不满足转化到求取食欲上的满足，因此始终饥饿的是心灵，而并非身体。

除此之外，我们摄取过多饮食还有一个原因，就是我们的饮食中添加太多化学添加物，使我们对食物吃上瘾。结论就是，我们应该更讲究吃得健康，而且尽可能为情绪找到适当的

纾解管道，才能更有效地维持身材。

为了健康的缘故，没有理由不瘦身，而瘦身的目标与标准，也应该以健康的标准来追求。所谓健康地瘦身，不是只有追求体重计上的数字，那只是参考用的，一点意义也没有。如果你正处于身材圆滚滚的高峰期，首先应该检视的是过去几个月的生活情形。

了解自己为什么变胖了？是因为工作繁忙，无暇好好地吃一餐？总是临睡前才吃晚餐？还是因为情绪不佳，需要依附着蛋糕、巧克力和饼干，才能好好地面对每一天呢？又或者是，从小到大，你的饮食习惯都是错误的？其实我觉得有瘦身计划是很棒的事情，它的意义并不在于要炼就多完美的身材，而是找到一个动力，好好地审视自己的生活形态并尝试着改变它，让它有更好的可能。

在这个前提下，我们除了接受专业医师的饮食调整，以及奉行少吃多动的原则之外，没有理由采取激烈手段去瘦身。采取激烈手段瘦身的结果，不但伤害了身体，而且只要过了忍受极限，内心的补偿渴望就会再把没吃到的食物都吃回来，结果会是一样的。

除此之外，伤害身体的结果，就是身体越来越不健康，对饮食与代谢的调整越来越差，未来发胖的几率和幅度也越大。所以，聪明的女孩子不采取激烈的手段瘦身，而是靠着少吃多动，维持身心愉快，重新开展美好的生活。

瘦身不是为了恋爱，不是为了男人，而是为了自己。

要提升全面的自信心，还是要靠自己，不是靠外力。
而对于外表的改变，女人除了整形这个手段外，
也可以靠着自我成长来改变。

提升自信的手段

我们才是自己的主人，除此之外，物质或外在上的一切，几乎都可以说是为我们所用、协助我们达到梦想的手段。因此，无论是美丽的衣服，还是高级珠宝、化妆品，都不会是女人追求的目标。女人共同追求的目标，应该是过一个心满意足的人生。

所以我们不能大意，把手段当成目标，把人生的资本统统投注进去。如果我们为了这些工具类的商品，把自己的生活变得很有压力、很不快乐，那就是很愚蠢的行为，因为我们一开始的初衷根本不是如此。

整形同样也是一种提升自信的手段。其实百分之九十九的女性都不需要整形，而且再美的女人也难免会有小瑕疵，并无碍于整体外观给人的感觉。一般男人对于女人自己斤斤计较的体重、鼻子和眼睛形状，很少在第一眼就注意，他们一致都是看“感觉”，而感觉是什么呢？就是从内到外的所有分数。

有一百分的眼睛，加上六十分的嘴巴，七十分的身材，八十分的内在，对男性来说就是最恰当的状态。至于嘴巴究竟能不能靠着整形达到六十六分？其实多数男人是看不出来差异的。总之，是女人自己对外表过度紧张兮兮，男人却看得很自然，也希望自然一点。

有些男人更偏执，他们宁可对象保持八十分，也不希望她们靠着整形手段伪装成一百分的样子。男人讲求真实的固执，是女人难以想象的。

但有些女生的确没有改头换面，就不敢抬头挺胸走路，不敢正眼看人。如果生活已经过得那么不快乐，动一下整形手术可以改变这一切，那倒是非常值得的事情。毕竟，我们总不能在漫长的一生当中，都低着头走路活下去。如果靠着原本的自己去突破这种自卑的困境太难，无妨靠着整形协助自己。

既然说是手段，当然就是说，要提升全面的自信心，还是要靠自己，不是靠外力。而对于外表的改变，女人除了整形这个手段外，也可以靠着自我成长来改变。

我认识一个女生，她从青春期就非常的自卑，觉得没有人喜欢她，总是低着头走路。她不敢打扮自己，因为害怕被嘲笑。当时的她，看起来真的非常不起眼，也总是被异性欺负的对象。可是十多年之后再见到她，却显得出众亮丽。她并没有靠着整形改变外貌，而是靠着阅读、吸收知识，提升自己看待世界的眼光，把心胸打开，大方地拥抱这个世界。

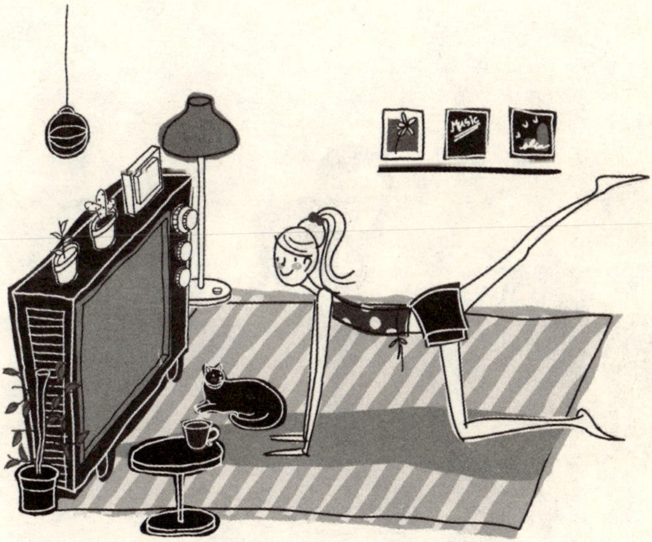

从人与人的相处过程当中，她先对他人释出善意，而他人也会给予她温暖，于是她感觉整个世界都充满善意，每天都过得很放松、很快乐。当别人不接纳她的时候，她就努力改变别人的想法，而不是躲起来埋怨为什么别人拒绝她。

当我们再见到她的时候，她已经拥有一个非常幸福的家庭，她身上散发出来的魅力就如同巨星一般。没有人仔细打量她的五官究竟长得什么模样，但一看过去，没有人能否认，那是一个多么亮丽的女孩子！

同样地，我也见过许多天生丽质的女生，因为不了解自己的价值，不重视自己的优点，始终过得很没自信，很不快乐。如果没有从内心改变，那么无论有多高超的整形技术，都无法让美丽为自己带来真正的幸福，相对地，不小心还会无止尽地挑剔自己。

在整形业非常进步的今天，无论是整形技术还是安全性，已经非常值得信赖，只要女人愿意，想要变得多美，就能有多美，整形将美丽这件事情变得很平等。然而，我们在整形前需要特别注意的是，它只是一个过程、一个手段，即使美丽本身也是一个过程与手段，真正的重点是，我们能否好好善用这些工具，为自己创造出更心满意足的生活！

美丽，是由内而外的。当我们的内心追求很好的质感，
追求永恒不变的经典之作，我们就不会轻易地被流行商品所诱惑，
我们就不会满心地只有砸钱的冲动，却毫无欣赏的品位。

从内而外的美丽

一个美丽的女人，如果她的居家环境脏乱不堪，整体美感分数便会大打折扣；一个时尚的女人，如果她总是乱丢乱塞衣服，她的品位也是不及格的。

真正的美感，除了追求好东西之外，也要懂得爱惜东西。追求与珍惜两者加起来，才是一个女人真正的品位。

有些女人在购物时总是非常不理智，随着销售手法的变化，不断地改变选择商品的原则。从外观美丽的、到质感好的、到限量的、到做工细腻的、到颜色鲜艳的……，只要销售小姐能说服她，她就全部买下来。回家之后，过了一阵子，她

就把它们随意乱丢，既不妥善保存，也不好好保养，那无疑是大大地羞辱自己当初购买这些商品的眼光。

如果你总是如此对待自己拥有的衣服、包包、鞋子与配件，可能需要好好地检讨自己的品位，为什么自己选择的东西都不能长久地认同它的好呢？在金钱挂帅的社会里，要购买什么商品都不是问题，把最美、最时尚的穿戴在身上也不是问题，问题是女人没有保存这些好东西的能力，就等同于没有品位，就像高级昂贵的食材被当成泡面果腹一样。我们只看见她拥有很好的购物能力，可没有一点点使物质在自己身上有了生命力、有了记忆的能力。

美丽，是由内而外的。当我们的内心追求很好的质感，追求永恒不变的经典之作，我们就不会轻易地被“初春限量版”商品所诱惑，我们就不会满心地只有砸钱的冲动，却毫无欣赏的品位。

反过来说，当我们内心追求最新最流行的时尚，那么设计过于老气的好质感商品，也无法打动我们的心。真正的品位是有求有舍，不是只要拿钱换得到的东西统统都要。

我们对待物品的方式，正反映出我们内在究竟有没有实质的美感。一个内外兼具美感的女人，能购入、能爱惜、能保存，能做到这三件事才足以证明，她和那些美丽的物品是相配的。

除了打扮之外，女人的美感也展现在生活上。女人总是匆匆忙忙地叼个三明治就出门，或是周末总要在酒吧赖上两个夜晚，任凭家中脏乱得难以收拾，也反映出她其实并不在意生活之美，而对于身边的人和事物，没有更细腻的体会。每一个女人都需要活得比穿得更美，才能够把美的气质也穿在身上，而不只是如同找到一条美丽桌巾的花瓶而已。

什么是你一直想留在衣柜的衣服？
就像是你一直想留在身边的男人一样。这，就是女人的品位，
无须说明辩解，那价值只有自己最清楚。

女人应该有好眼光

曾经有一位父亲提到对刚出生的女儿的期许，他说，他希望自己的女儿有好眼光。有好眼光选择好的人做朋友、做情人，有好眼光选择好工作、好人生。

我觉得这位父亲的话说对了一半，如果我能够附加上一点批注，我会说："不但要有好眼光，还要有选好之后，坚持下去的能力。"

阿嬷（奶奶）走了之后，她的旗袍都被我收了起来。有一天我把那些旗袍翻出来看，真的是赞叹不已。在那些旗袍上，看得见四十年以上的棉线，手工缝制的痕迹；在表布的织绣

上，没有一针脱线走样。在旗袍设计上，展现着订制人当时对自己的期望：优雅、气质、美丽。这些衣服，在阿嬷对自己生活自理无能为力之前，一直都受到细腻呵护着。留着阿嬷的衣服，总感受到阿嬷的精神，透过她的衣服，依然日复一日地对我诉说并教导着我，要坚持着女人努力的目标。

女人买衣服是出自于一种对自己期望的初步实践。例如，期望自己像公主般被呵护，就买公主风的衣服；期望自己像独立自主的女强人，就买剪裁潇洒利落的衣服；期望平凡安静的生活，就买穿起来很舒服的衣服。有一位朋友喜欢买各种颜色不同的衣服，其实也展现她期望生活更多彩多姿的愿望。

一件好的衣服经过岁月洗炼之后，依然容光焕发。我买过非常昂贵的衣服，也买过路边摊卖的衣服，但在我的衣柜当中，依然是我十年前左右买的旧衣服，虽然款式旧了，可是我无法割舍的是那独特的版型、那细腻的缝线、那质感好到怎样水洗都不会褪色的衣服，这些，就是我的眼光。

我当然知道每一季流行的款式是什么，如同我非常理解时下流行的男性样子是什么？是型男还是潮男或是俊男？是很有男子气概还是棒棒堂男孩？不过他们也如同衣服款式一样，一旦过季，就不想留在身边了。

什么是你一直想留在衣柜的衣服？就像是你一直想留在身边的男人一样。这，就是女人的品位，无须说明辩解，那价值只有自己最清楚。

女人需要好眼光，为自己的衣柜留下传世之宝，像古董蕾丝一样；而女人也需要好能耐，照顾这些行之有年的老衣服。经典之作没有旧衣回收的一天，它总是该受到女人呵护。它们总是能在不同时代的时尚中，给予女人不容质疑的风华。

而女人身边的男人，亦然。

III

爱情，浅尝即止

我们能从爱情中一次又一次地发现不认识的自己。在爱情的过程当中，伤害会有，甜蜜也会有；快乐会有，疑惑也会有。现在回头看看年轻的爱情，最重要的就是要快乐。是的，年轻时的爱情，就是追求快乐，而那种快乐带点知音之喜，也带点欲望之纠结。

年轻时的爱情，是学习了解别人，与不同的人相处。虽然世界上有好男人与坏男人，但如果真的了解一个人，懂得与他相处，就能看见他的好，也能享受到他的好。

年轻时的爱情，不适合轻易下结论，不适合轻言一生一世。既然，你都还未必了解自己此生此世的生活目标，勉强牵扯另一个人进来，也只是搅局而已。

谈恋爱要得到的，不是特定的那个人，而是在过程中彼此的快乐。
谈恋爱是两个人共同在生命沙滩上堆积出美丽的图案，
与不同人堆积出的美丽图案，都应该是生命里的美好风景。

保留美好回忆

不要在年轻时伤害别人或自己，因为哪怕只是感情上的伤害，都可能需要用一辈子慢慢抚平。

很多时候你应该比谁都更清楚，他不是属于你的人，其中也没有什么理由好说的，只要你们在一起就是不快乐，试了又试还是不快乐，可能这是一个不对的人，或是一个不适合在一起的时机。这就很像你想要去台北，但是火车是往南开，于是无论你如何期待、如何努力，也到达不了终点。

你应该知道，自己对于自己的责任，自己对于自己的梦想，不只是爱情。除了爱情之外，你还有好多东西要追求。如果爱情得不到想要的，就暂且放下吧！是放下，而不是放弃。如果说放弃，也许你会感到不甘心，但可以暂时放下不属于你的人。

当两个人的关系纠结在那里，除了争吵和互相伤害外，再也没有甜蜜的可能，只是把过去的甜蜜消耗殆尽。如果大家一起把甜蜜的存款都挥霍掉，从情人变成仇人，是多么可惜的事情呢！

暂且放下，回归到一个人的生活，是让自己更清楚两人关系的好方法。很多人都因为这样，把情绪卸下了，把疑团沉淀了，反而能更了解彼此与未来的方向。不要有恶言，不要有恶行，不要使美丽的回忆变成不堪回首的记忆。你们可以继续当朋友，也可以不需要联系，就彼此远远地相望着或不相望着，只在心里默默地祝福对方。

放手或是不放手，不是相爱的重点，重点是，在彼此相爱的过程中，有没有使对方成为一个更快乐、更好的人？分开之后，曾经被甜蜜对待、被善意对待的灵魂，会继续在两个人的生命里发酵。

谈恋爱要得到的，不是特定的那个人，而是在过程中彼此的快乐。谈恋爱是两个人共同在生命沙滩上堆积出美丽的图案，与不同人堆积出的美丽图案，都应该是生命里的美好风景。

没有任何一个人只有缺点毫无优点，
也没有任何一个人只有优点毫无缺点，只有当这些优缺点加总起来，
能达到与你相处最大的快乐，那才是适合你的男人。

了解不同类型的异性

我建议每一个女生都不要再把“我对另一半的要求标准很高”这种话挂在嘴边，也不要让别人这样说你。

你抱持的处事态度，应该是“我是独一无二的”，而非“我是高人一等的”。这其中的差异是：在前者，你表示自己是一个自由自主的女性，并且非常地自信；而在后者，你显示出自己是一位自视甚高的女性，不把自己以外的人放在眼里。但你知道吗？人与人之间只有个别差异性，只有人格上的优劣之分，没有什么阶级高低的问题。

家庭背景不好、长相不好、学历不好、收入不好，都不

足以判断一个人。现代女人不要继续当单细胞生物，只懂得用好坏二分法或十二星座归类法辨识男人。这种单细胞的择偶眼光，最后不是使女人青春虚度，就是使女人将时间花费在一个虚有其表的男人身上。

在没有用心了解一个男人之前，先别急着发给他好人卡——如果你对他的了解仅限于“收入很低、人很无趣”；在你没有足够了解一个男人之前，也先别急着发给他生死相许卡——如果你对他的了解仅限于“人长得帅，学历又高”。给自己一知半解的人和事物下定论，最后总会是自己的损失。

年轻时的我们，对于爱情太容易陷入“绝无仅有”、“独一无二”的盲点。那是因为我们认识的异性还太少，和我们有较深入相处的异性更少。因此，这个时候如果有一位还不错的男人，用爱情的姿态靠近我们，我们就会立刻认定“是他了”。其实，那真的是言之过早！

我建议二十五岁的女性，别急着以爱情的姿态跟异性交往，也别急着以“在一起”的标准去要求异性，这些都言之过早。当你了解男人真实的面貌之后，你才会明白，从什么样的角度去要求对象更实在可靠。

你认为男人应该是什么样子的？不能只靠想象，而要放宽心胸去观察了解。没有任何一个人只有缺点毫无优点，也没有任何一个人只有优点毫无缺点，只有当这些优缺点加总起来，能达到与你相处最大的快乐，那才是适合你的男人。至于从条件论去筛选男人，只是很片面的方式。无论是一般的条件论，还是生活有品位的优质男人、或愿意帮忙烧饭带小孩的好男人，只是呈现其中好的一面。如果你从另一方面来看，就不见得有这么好。

例如，如果你是一个对物质生活大而化之的人，那么找一位对于生活细节有品位又很讲究的男人，可能有点太折磨自己；如果你是一位不爱外出工作，只爱在家当甜蜜家庭主妇的人，那么找上一位对居家生活付出比对事业付出更有兴致的男人，也很难过。

找男人就像投资股票一样，追高是没有用的，不但竞争者众，而且还有随时崩盘的危机。我们应该学会看男人的人格特质，藉此来判断优劣。

与亲密的另一半交流感情、分享生命经验，
是爱情里最美妙也最珍贵的事情！
它们比起很多“我爱你”、比起很多鲜花和礼物，还要令人兴奋。

养成真诚待人的习惯

你希望别人真诚对待你吗？那么你就需要先真诚地对待别人，让别人知道这是你的做人原则，是你很重视的价值观。如果你不希望别人接近你有其他目的，是虚与委蛇，就先把自己的真诚建立起来，如此能减少不真诚的人接近你。

谈恋爱是很需要真诚的。也许现在的你认为，谈恋爱最需要的是美貌与手段，其实是天大的错误。从短浅的眼光来看，美貌与手段或许能为你获得许多被奉为女王般的感情，能令你非常任性地优游在爱情里。我见过许多女孩子，谈恋爱是靠着美貌与手段，她们在爱情战场上战无不胜、攻无不克的决胜点只有一个——始终不让对方感觉到自己已经爱上他们，保持着让对方感觉有点得到又有点得不到的姿态。为了保护自己，她们把付出和获得当中的天秤拿捏得非常小心翼翼。

她们的确获得爱情全面的胜利，可惜却失去与人交流感情的练习。然而，与亲密的另一半交流感情、分享生命经验，是爱情里最美妙也最珍贵的事情！它们比起很多“我爱你”、比起很多鲜花和礼物，还要令人兴奋。

真正的爱情就像你在宇宙中茫然且孤独地存在着，直到遇见一个人之后，你发现自己说的话有人听见了，有人懂了；你发现自己说的笑话有人觉得好笑；你不必使用言语，就能让人明白你的心；因这份认同与了解，有个人比任何人都觉得你值得珍惜。

在他的面前，你没有该不该卸妆的问题，没有需要在意胖瘦的问题，没有该注意怎么说话的问题。就算你说错话，也不会被曲解意思，因为了解你的人是用心在了解你，不是用语言或装扮了解你。

爱情，不应该是谍对谍的局面，也不应该是一场两性战争，它可以回归到最单纯面，成为生活里美好的动力。要让爱情变得简单纯粹，首先就是要做好自己，相信自己，然后用真诚的心对待别人。

装扮，是为了礼貌；爱美，是出于爱自己；说话，是为了沟通了解；行动，是出于善意。我们在任何人面前，都应该表现出最明朗大气的一面，像阳光般照射到每一个人的心中，很了然、很自在，在坦然之下有包容也有原则。如此，可以让靠近我们的人知道，用坦然的方式来接近我们，也放心地用真实面貌来呈现。

人生只有短短数十年，想要真实地活着、爱着，时间都已经不够了，为什么还要用谎言和虚假开启恋情呢？用谎言和虚假得到的恋情，也只是昙花一现，徒然浪费青春而已。

年轻的你，要爱，就要大胆地爱，自信地爱，别怕呈现真实的自己，也别耽溺于爱情游戏。爱情游戏就像两个人不言而喻地共演一场大戏，虽然过程跌宕起伏很精彩，但收工之后，只会觉得好无味。而无味，不该是年老时回顾年轻爱情的唯一感觉。

我不能保证，只要坚持真诚，就一定不会遇见不真诚的感情，但若是一旦遇见不真诚的感情，你一定会很容易察觉，并且很快对它兴趣缺缺。也许你在真诚去爱的过程中，也会遇见欺骗你、利用你的人，但是千万别让这些人改变你对待自己的初衷，而变得愤世嫉俗，把爱情看得太极端。你要潇洒地别过头，挥别这些生命中的过客。既然他们是过客，就不应该成为主宰你往后生命的人。

真诚之美，总会被真诚的人看见，而那就是你最想追求的恋情。

喜欢虚荣的事物没有什么不对，
但它不应该是影响你人生方向的原因。
它们能带给我们的快乐是有限的，不值得付出更高代价去获取。

不要被虚荣迷惑

二十五岁的女生，看着虚荣的事物，很像看着炫丽的烟火，不清楚其中奥秘，却深深沉醉于其中的感动。我们总是在二十五岁时，爱上我们一点都不了解的美丽，像是俊美的男人、多金的男人、钱多事少离家近的工作、收入比平均值更高的工作、昂贵的引人注目的服饰……

不知不觉中，那也成为我们人生的目标。我们遗忘过去多看重梦想，多看重感情，多爱我们的亲人，多愿意为自己所爱的人和事物，只想着要伸出手，得到那些不实际的美丽。

或许现在的你，希望自己成为一位美丽又多金的女人，能享受全世界最豪华的物质、最奢侈的爱情。为什么大部分人都认为美丽又多金就是人生最好的状态呢？那是因为媒体这样告诉我们，那就是世界上最好的东西。

但是你是否真心这么认为？那可不一定。仔细想想，你最爱的那些时光，是购物的时刻吗？是受到众多异性关注的时刻吗？还是，当你做到自己认为做不到的事情？有个独一无二的人，与你的思想产生共鸣？

你喜欢没有什么烦心事，自由自在地走去街上的任何一个角落吧！你喜欢专注于自己的工作，并且达到工作上的成就吧！你心目中理想的家，是一个有关怀与温暖的地方，而不是华丽却冰冷的豪宅。

亲爱的，喜欢这些虚荣的事物没有什么不对，但它不应该是影响你人生方向的原因。它们能带给我们的快乐是有限的，不值得付出更高代价去获取。人生重要的事情有先后顺序，如果没有拿捏好先后顺序，最后即便得到了快乐，却很可能失去得更多。

人生最重要的东西是什么？是健康。回想一下罹患小感冒的时候，那种头昏眼花、鼻塞流鼻水的感觉，是不是很难受？当时你是不是除了应付身体各种突发状况都来不及了？哪可能想到享受美食、逛街购物、彻夜狂欢？当一个人真的生病，就算有数千万在眼前，也不见得有力气般。

前几年我认识的一位中年女性生病住院。因为她有买保险，再加上公司提供的团保，使她住院期间不需要为金钱苦恼，反而还使收入增加。但她每天只想穿上病床下的鞋子，走出医院，晒晒太阳，她渴望回到太阳底下奔跑，因为金钱对她来说已经毫无意义，因为她已经失去健康。因此，我们一定要认清楚，健康才是人生最重要的东西。

此外，有些东西是任何金钱买不回，也不能用金钱交换的，像是时间、感情、人格、信用……而这些是一个人最基础的资本，能够源源不绝地为你的生命持续创造出价值，那是再多的金钱都没办法取代的。

虚荣的感情、物质、金钱，虽然一时看来非常诱人，也能短时间让你感觉好像飞翔在云端，可是等到这些快乐结束，你发现失去健康、失去信用、失去许多美好的时光，你焦虑又着急，但却也换不回了。

这世界上没有什么东西比自己更珍贵。而所谓的自己，就是你的性格、人格、信用、信仰、真实的感情。虽然这些东西看起来换不到金钱，有时候也令你付出很大代价。例如，为了维持做人诚实的原则，你推掉一个不该属于自己的好处；为了面对自己真实的感情，你拒绝一位条件很好的男人。但不可否认的，这些也是你生活热情的来源。这些才是具有生命力的东西，它们就像火焰一样，也像是人生的推进器，能够促使你不断地成为更好的人。

爱你自己，不是爱你自己的身材、名牌服饰，而是爱你自己内在那些源源不绝的火焰，那些主宰自我人生的动力。

真正有趣的男人，不是满嘴和女生胡说八道的男人，
而是他的生活中有一些自己的热情，
并且从中发展出独一无二的创造力来。

老遇见无趣的男人，是因为你也不有趣

曾经有位年轻女性朋友告诉我，她一直找不到喜欢的对象，是因为喜欢她的男人一点都不有趣。

因为是很熟的朋友，所以我直接对她说："那是因为你一点也不有趣。"我说她不有趣，并没有诋毁的意思。我的意思是，她是一位非常温柔老实的女孩，对事总是一板一眼，对人总是非常正直善良。她心目中那种有趣的男生，就是能摆脱常规约束，说话和做事都非常灵活的那种男生。

这样的男生之所以会有这样的表现，是因为他们追求着

一种丰富多变的生活。他们热爱尝试各种新鲜事物，追求平凡生活中的变化，把社会眼光摆在一旁，活得自我又潇洒。所以他们追求富有挑战性的工作，愉快且享乐地生活，有点不安于室。而我的这位朋友则是追求稳定平凡的人生，受制于各种社会眼光，连对别人生气都不敢，很担心身边的人事产生变化。

想象一下，如果下班之后，他们曾经相遇在某一个街角，男生往左手边的酒吧走去，而女生往右手边的公车站牌走去，长年维持着这样的生活轨迹，如何能相遇呢？

我遇过的女生当中，一百个大约有九十九个会告诉我，她们想要有趣的男人。什么样的男人是有趣的男人呢？她们说，要能主动带她们见识各种好玩的事情，要能说笑话给她们听，要能制造生活情趣、给女生惊喜。可是，她们遇见的男人不但一点都不有趣，还一点都不上道，所以她们找不到好对象。

她们也说，不是没有遇见过梦想中非常有趣的男人，很可惜那些男人和她们没有缘份，那些男人总喜欢非常漂亮的女生。但你知道吗？这和漂亮与否并没有那么密切的关系。你要知道，人总是喜欢和自己感觉有趣的人在一起。如果你希望更接近有趣的男人，应该把自己也变成一个有趣的女人，或者至少懂得如何欣赏有趣的男人。

至于为什么有些男人和女人特别有趣呢？曾经有一位“资深花花公子”对我说，男人要表现得那么有趣当然也可以，只要他们没把生活重心放在女人身上，把女人当作生活调剂品就好了。另一种可能是“专业男朋友”。也就是说，这种男人只要负责让女人开心，生活和事业家庭就都搞定，差不多就是小白脸那种。

他说，让女生觉得很有趣的男人，并不是真的那么有趣，他们只是把“让女生开心”做成一种专业，通过不断的恋爱学习训练让自己精益求精。

至于我们看见其他情侣或夫妻间相处得那么有情趣，是因为什么呢？那是因为彼此了解，从对方的身上找得到乐趣。如果你压根儿不想了解对方，当然会感觉对方很无趣。

每一个人都是独一无二的，他们也有各自独特的生活情趣。例如，有些人就觉得打电玩很有趣，有些人就觉得打高尔夫球很有趣，有些人就觉得和朋友瞎混很有趣。这些事情对多数女生来说一点都不有趣，但其实只要一个男生对于某一种活动是有热情的，他就不可能如你想象中那么呆板。就算是一个工作狂，他必然也在某种程度上感觉到对工作的兴趣，至少是对于赚钱的兴趣。

他的有趣不是专为追女朋友而生，而是出于自己的喜好，如果你不够了解他、欣赏他，你当然不能从其中享受到乐趣。所以在你不够了解一个男人之前，很难下定论说他是否有趣。

我觉得真正有趣的男人，不是满嘴和女生胡说八道的男人，而是他的生活中有一些自己的热情，并且从中发展出独一无二的创造力来。例如，一位非常热爱读书的男生，只要一提起书，想法就源源不绝地窜出来，那是令人感到有趣的部分。有些平常足不出户的宅男，也并没有这么乏味，因为他们努力使自己不必出门，所创造出来的“宅生活”也是充满着创意。如果你懂得欣赏这些男人，你就能被引领到一个非常有趣的世界里。

其实说穿了，是爱情让一切变得有趣。一旦你对某个人产生兴趣，你就会“用心”去了解他，看见他在茫茫人海中独一无二的有趣。

至于为什么有些女生桃花很旺，有些女生总是难以吸引异性注意？其实这都是互相的。那些桃花很旺的女生，如果不要把焦点特地放在她的外型上，你会发现她们很了解别人，对别人的特质都很感兴趣。当那些男人发现，自己在这些女生面前显得特别有光芒，他们就会倾向接近这样的女孩子。而这个时

候还不是爱情，只是“和懂我有趣的人在一起比较快乐”，它是一个爱情可能性的开始。

而那些桃花比较不旺的女生，通常对自己以外的人和事物都不感兴趣。她们也许很讲究自己的妆容与打扮，在人群中显得十分出色，可是对于多数人而言，那是没有意义的。

她们不大懂得去欣赏别人的特色，并给予掌声或关注，只战战兢兢地过着美容美白化妆打扮的生活，当然无法和任何人产生连结！

想要得到有趣男人的关注，你得先学习欣赏别人的有趣之处，也要学习对周遭环境抱持有趣的心情，别先急着用片面的认识就断定一个男人有多无趣。

交往对象，因为彼此终究在生活与感情上联系比较深入，
所以一定要以人格为优先选择考虑，
可以从旁观看、倾听他在工作上的表现，以及对待朋友的方式来判断。

慎选恋爱对象

有一位朋友对我说，她的父亲年轻时热衷于签赌六合彩，她的母亲总为了这事与父亲争吵。十几年过后，她的父亲终于戒赌了，但变成她的母亲沉溺于签赌，而且签赌金额比父亲当年更大，这也成为两人晚年争吵的焦点。

亲爱的，你的恋爱对象真的会影响你，不要过度自信不会受影响，还能改造对方。你知道，就连一个最小的抽烟习惯，也会在时间迁移当中，为爱从排斥到忍受、从忍受到接受、从接受变成爱不释手，而感情就是使我们越来越像对方的催化

剂。

相较于恋爱中的男人，恋爱中的女人更容易受到男人的影响，因为爱情是女人的“全部”。为了这个“全部”，女人甚至可以连命都不要，哪还在乎妥协于一些小小的恶习呢？

我知道，这个年纪以及这个年纪之前的你，还没有“以结婚为前题找对象”的打算。你说，恋爱是看缘分，看感觉，合则来不合则去。如果你有这份潇洒，真的很好，因为它能保护你不被失败的恋情打入地狱。

但我建议你在看缘分、看感觉的同时，也看看对象的质量。既然结交朋友都是“近朱者赤、近墨者黑”，对于亲密的另一半，当然要更严选。不要以为自己不会被质量不好的对象影响，等到被对象影响才严重。因为是心爱的人，你不敢违逆他的行事作风，你甚至连谏言也不敢，有时为了维系恋爱的甜蜜度，怕争吵、怕冷战、怕他不理你，你就在原则上一而再、再而三地让步，结果到了最后，这些偶然的让步都会在日积月累中成为你的习惯。

于是，我们就不知不觉地深受他的影响，成为我们另一半那样的人。

尽管恋爱属于缘分，是自由的，尽管有时候我们也会对某些对象感兴趣，但感兴趣不必非得和他谈恋爱，有时当朋友更长久，当个心灵伙伴更快乐。我们应该要很清楚，无论是怎样条件的异性，都不必非得往恋爱的关系发展，女人与男人之间的关系也可以是朋友或是知己，一样感觉愉快又幸福。

至于交往对象，因为彼此终究在生活与感情上联系比较深入，所以一定要以人格为优先选择考虑。无论一个男人的客观条件如何，一定要从他的个性与人格面看起。或许要从短暂的交流当中发现一个人的个性与人格并不容易，那么可以从旁边看、倾听他在工作上的表现，以及对待朋友的方式来判断。

例如，有些男人对待朋友很大方，总是很舍得付钱，这种男人很吸引女性，但不见得是好对象。因为有时这样的男人只是把自己当大哥，把朋友都当成小跟班，他只是享受着当付钱的大王，并非真心为朋友着想。

例如，有些男人总是在上班时间拼命用公司电话和你情话绵绵，为了约会也可以翘班或提早下班。有些女生会为这种行为感动，其实一点也不必感动，因为他对你正有极高的兴趣，这些决定并没有什么了不起。你反过来要看看，他对自己的工作实在没什么责任感，而且占公司老板便宜也是他的性格。

多数女生认为孝顺的男人最好，但“孝顺”是什么？应该更细腻地去察看。有些男人一天到晚都把妈妈挂在嘴边，其实是他太依赖母亲，并不是什么孝顺。如果一个男人说，对他而言世界上最重要的是妈妈，其他女人包括老婆都不重要，那么他对人生和人我关系的认知有误差，不够成熟，不能更全面地掌握自己的人生。

有些男人在全世界的女人当中只应付得了母亲，因为母亲会宠他、让他，所以他和母亲最好，这不是孝顺，是封闭。男人孝顺的特质是一种责任的承担，重点不是他有多爱和父母在一起，而是他乐意并懂得照顾身边亲密的家人。这样的男人才算孝顺，和他在一起才是有意义的。

有责任感的男人几乎是选择对象的首要条件，不只是对家人与爱人有责任，对工作有责任，甚至对整个社会都有责任感。这样的男人会多要求自己，少要求别人，使自己成为更好的人。不要以为要求自己是一种委屈，事实上，那是培养自己能力的一种表现，每一个男人都应该具备这样的能力才能给女人幸福。

与有责任感和能力的男人在一起，即使两个人不能走到遥远的未来，也至少不会在心中留下残破不堪的回忆，也不会令你对爱情产生恐惧、憎恨，影响你接下来追逐幸福的脚步。

好的对象，在恋爱过程中不会常常制造惊喜，也不会以你的喜好为自己人生的喜好。但是好的对象能和你有实实在在的感情互动，而非只是与你共演一场受欢迎的偶像剧。这样的爱情才是在青春岁月中最值得一谈的。

把专注力都投入在相爱当中，爱情会越来越完美，
在相爱过程中，每一次的试炼、每一次相爱的决定，
都让彼此感觉更应该珍惜对方。

恋爱不必多谈

有人说，恋爱谈得越多，越能了解爱情，而且对未来经营婚姻越有帮助，我完全反对。许多恋爱谈得非常多的人，到最后都已经不清楚最适合自己的对象究竟是哪种类型的！

每一种性格的对象都有他的优势之处，也有他的劣势之处。不要以为你能为爱包容什么！很多人恋爱谈到最后，只会悲观地看见与各种类型男人在一起的“下场”，却看不见一丝好的可能性。结果她们只能想象这世界上会有超越这一切、完美存在着的男人。

结果回到原点，就与你还在信仰罗曼史小说的阶段一样，逃避真实的爱情。这世界上有我们想象中完美的爱情吗？有

的，而且很多，只是他们从不张扬，从不喧哗，因为他们把专注力都投入在相爱当中，爱情会越来越完美，在相爱过程中，每一次的试炼、每一次相爱的决定，都让彼此感觉更应该珍惜对方。两个人会争吵、会意见不合，但从未想到分离。

许多女性年轻时谈了很多昙花一现的恋爱，虽然那并非她们所愿。她们每一次投入恋情，都很有恋爱的感觉，但只要恋爱的感觉消失，大家就冷却了。为什么会这样呢？因为我们太相信恋爱的氛围，多过于相信爱情本身。

恋爱的氛围很容易营造，或许就那一阵子你非常地想谈恋爱，身旁又出现一位帅气型男，你就感觉到恋爱氛围了。可是归根究底，你会发现，或许是因为那一阵子工作不顺利，导致你的潜意识出现结婚的念头，于是靠近你的男人看起来都那么适合结婚。

有些男人特别会营造恋爱气氛，他们是专业的恋爱高手，很懂女人喜欢什么、不喜欢什么，而且从不给女人压力，甚至使女人感觉到，这些男人为她们而活。事实上，这些男人只是因为恋爱经验丰富，所以特别会谈恋爱。他们在追求过程中，像是一位努力赢得金马奖男主角的演员一样，努力想赢得评审们的肯定，一旦赢得肯定之后，他们又开始想挑战亚太影展的最佳男主角奖。如果你听到有女生说，男人都是用追求女人来肯定自己，她一定是遇过这种专业的恋爱动物。但这种专业的恋爱动物不是你此生所追求的爱情对象吧？如果不是，就别太相信恋爱的氛围，而轻易投入恋情之中。

恋爱谈得越多，越容易变笨，特别是，如果你刚好是那种想要什么男人就可以得到的幸运儿，更要谨慎筛选恋爱对象。

每一个男人和你每一个姐妹淘都一样，
各有各的个性，需要你多多了解与包容。
不要过度严苛，因为他们都是陪伴你生活最亲近的人。

谈恋爱也要要求自己

我知道很多人都告诉你，男人这样那样不好，男人这样那样需要改进；如果男人和女人之间产生了什么不愉快，百分之九十九都是男人的错误。结果该怎么办呢？就是换一个没有这种问题的男人。

如果男人喜欢看街上的美女，那就换一个不会明目张胆看街上美女的男人；如果男人脾气太直，那就换一个说话比较有技巧又温柔的男人；如果男人不够重视自己的朋友和家人，那就换一个对自己朋友和家人很好的；如果男人太工作狂，那就换一个娱乐狂；如果男人太游手好闲，就再换回一个乐于工作的；这样换来换去，一直到最后，女人都会发现一件事情，那就是符合自己心意的男人真是难找。

其实，并非符合自己心意的男人难找，而是女人要改一改这种“不满意就立刻退货”的心态。女人都把男人看成外星生物，倒是很少想想，他们其实也是人，虽然看待事情的角度与观点与女人不尽相同，但基本上“追求更舒适更好的人生”这种心情是和女人一样的。除此之外，每一个男人和你每一个姐妹淘都一样，各有各的个性，需要你多多了解与包容。

想想看，如果你的姐妹淘不小心说话冒犯了你，你也不至

于和她们走到绝交的地步吧？如果是交往多年的姐妹淘，你甚至还会潇洒地把双手一摊，心想：她就是那个样子啊！有什么好生气的呢？而对待你的另一半，也要像对待你的姐妹淘一样，不要过度严苛，因为他们都是陪伴你生活最亲近的人。

更多时候我们需要看看自己，在爱情里究竟做了什么。很多女性都说，希望能找到一位多包容自己的男性，但说这要求的同时，你是否也做好多包容对方的准备呢？或许有些女生会说："他既然爱我，就应该无条件地包容我。"那么你是否也爱他？如果你真心爱一个男人，不但任性不起来，还会时常为对方着想。不是忍耐受委屈，而是从更高的角度去看男人做这些事情的快乐何在，而自己是否又真的不能退让于万分之一？

我们花许多时间装扮自己，想使男人心醉神迷，却总是花很少的时间去爱男人。听到这里，你或许会大吃一惊，女人可是花最多时间在爱情上的，怎么会没有为爱情付出呢？但通常女人在爱情里的付出，都是出自于浪漫的想象，想象做一个可爱的便当，化一个美美的妆，陪男朋友一同出席各种聚会，打电话问他过得好不好。但男人想要事业成就，想要不被小觑；男人希望得到家族肯定、社会认同；男人希望在全世界都否定他的时候，能在女人的温柔乡里得到一点支持。而这些，才是女人需要学习如何爱男人的重点。

我们想要得到男人的爱情，靠的不是妆扮心机或是恋爱心机，不是吵闹着他为什么不能这样那样，而是用心去爱他、肯定他、支持他。

在爱情里，女人更应该先要求自己，做为爱情里的榜样，让你的男人明白如何爱你。

谈恋爱的目标不是占有一个人的身体，控制他的行动，
而是占有一个人的心，享受着自己在他心目中独一无二的地位。
重要的是两个人之间的感情，而不是谁非要如何不可。

爱情里的付出，不是玉石俱焚

如果你的对象是一个有责任感，人格分数至少及格的人，基本上他就符合商品“质感好，做工细腻”的基础要求，不应该被轻易换掉。至于在相处上发生的种种问题，其实都可以透过生活智慧去解决。如果他不解决或没有能力解决，就由你来解决。没有错，事情很糟不是你的错误，但很高兴的是，你不是一个放任事情更糟的人，所以属于这关系中一半的你，为了自己往后生活更愉快，就要着手来解决问题。

只要感情没有破坏，两个人之间的问题都可以解决。我所

指的感情，就是你们还非常想要和对方在一起，也大致认为和对方在一起是很愉快的。谈判是我认为最糟糕的方式。人与人之间的相处，靠的是包容、默契、共同追求最大值的幸福，若一旦要走上谈判桌，沦为权利义务分割的局面，感情就已经输掉一大半，因为这个行为就表示“我一点都不信任你，所以凡事都先说清楚”。

在生活事件上，你们也许看法不同，例如对食物的选择，对嗜好的选择。也许你非常不能接受你的对象总是在球季时冷落你，那么不如陪他一起看球赛，或者趁着他沉迷球赛时，和姐妹淘们叙叙旧，没有必要在他看球赛正热络时，非要他陪你去逛街。

如果面对一些比较重大选择的意见分歧，像是要不要同居？要不要换工作？在这个问题被丢出来的第一时间，你也不必急着反应，紧张得好像他马上就会选择你很排斥的那一个决定。不必紧张，别忘了你是他的另一半，而他之所以向你提出这些选择可能性，也是希望得到你的支持，因此你对事情还是有相当主导权的，不必第一时间卯起来发飙。要知道，对立就意味沟通结束了。

最聪明的做法，第一时间还是把他期待的可能性也放入你的可能性当中。例如，如果你并不希望他离开你出国念书，而他似乎有这种意愿，你就先为他想想，出国念书对他而言有什么好处？大方地告诉他："没有错，如果你想从事学术工作，有留学经验显然是加分的。"这句话是事实，与你的心意无关。"我也明白你对这个专业有多重视，你希望在这个领域上得到一席之地。"这句话表达了你对他的了解。

你可以站在他的立场思考，把你所明白的关于他想做这个决定的理由与感觉，一个一个说清楚，这表示你很了解他、在乎他。说到最后，有良心的男人就会沉不住气对你说："那你呢？我们会分隔两地啊！"（如果男人就这样没事般地出国了，就表示他也想放弃这段恋情，你要接受失恋的事实。）你还可以继续沉住气告诉他，你会等他回来，因为你支持他的梦想。

也许男人会思考一阵子之后，舍不得离开一位这么理解他、在乎他的女人，就放弃出国念书。也许男人思考一阵子之后，觉得梦想不实现不行，于是他就会安排好所有帮助你们可以定时联系的科技工具，并再三确认你们不会断了联系，他才放心出国。到最后，你会发现，他出国念书其实并没有你一开始想象中那么糟糕，相反地，这种尊重对方感受的作法，反而加强恋情的维系。

因为谈恋爱的目标不是占有一个人的身体，控制他的行动，而是占有一个人的心，享受着自己在他心目中独一无二的地位。重要的是两个人之间的感情，两个人之间的好关系，而不是谁非要如何不可。

就以上的例子来说，虽然分隔两地可能形成两个人在真实爱情生活上的障碍，但是这为爱让步的心意，反而是加强两个人内心世界信任的桥梁。

我们都知道感情不能勉强，在相处的过程中同样不能勉强。人是最渴望独立自主的，谁也不想被全面控制，但总愿意在感情上主动让步。有一位男性朋友对我说，有一阵子他偶然与前女友联系上，基于过去分手分得不难看的结果，还可以彼此问候几句话，也断断续续掌握对方的近况，就是一种很淡很淡的友谊关系。有一次他不小心把前女友的近况说给现任女友听，而他的现任女友先是愣了一下，随后就告诉他，如果她过得不好，他们可以一起帮她想想办法。

这位男性朋友说，当他听到现任女友的反应时，第一个感觉是“她和我是同一国的，她了解我是什么样的人，做的是什么样的事情”。他也立刻想起过去前女友把他的生活控制到不能喘息的局面，当下就觉得现任女友好重要。

如果女生一听到风吹草动就吵闹，或是打破砂锅问到底，男生就会觉得，原来自己一点都不被了解。当这样的争吵出现在两个人之间，就是提醒另一个人，其实自己不被接受也不被信任。我们总说自己有多爱着对方，却又满不在乎地撕扯两个人间的关系，实在非常矛盾。真的很爱对方，不是占有对方，而是将两个人间的关系维持好，不让双方陷入信任感破裂的局面。或许你要说，如果不这样紧盯着，万一男人最后跟着第三者跑了怎么办呢？一位男性朋友告诉我，如果男人内心笃定要跑了，就是会跑，无论有没有第三者出现，而且通常第三者只是借口或炮灰而已。差别只是在于，恋情结束的时候，他对女人是充满着不舍和愧疚，还是拍拍胸脯心想“还好我逃了”。玉石俱焚只是让感情不在的两个人、已经笃定要结束的两个人，白白地多被剥一层皮，完全改变不了什么。

相反地，用了解和爱提醒对方曾经有多爱自己，对挽回爱情还有一线生机。女人总说，为了爱情可以付出一切、牺牲一切，其实爱情里并不需要你付出一切、牺牲一切，它常常只需要你“沉住气三分钟”而已。如果两个人为了这件事情大吵特吵、大闹特闹，最后男人为了追求梦想，再加上为了逃避压力，就会选择一走了之，结果女人在此时一哭二闹三上吊，发动所有亲友攻击男人，以为是付出一切，但其实是发动战争。

爱情谈到变成仇人是非常可惜的，好歹在过程中也付出相当心力和感情，造成撕破脸的结果实在划不来。无论爱情有没有结果，那曾有过的美好应该成为两个人生命中的能量，足以支持着继续追求下一个阶段的美好。

也就是因为之前犯过这么多爱情的错误，
所以我们都试着努力，让自己成为一个更好的人，
更不容易伤害爱情的人。

尊重另一半的生命记忆

有一次一位小女生说，她在男友的网页上看见他前女友的照片，又气又难过，结果跑去要求男友拿掉他前女友的照片，男友却拒绝，而且没有说明原因。女生就问我，她该怎么办呢？

我对她说，其实网页上放前女友的照片也许只是一个纪念，并没有特殊意图。“不过你可以告诉他你的感觉是很不好的，你为此感到难过，”我说。其实女生在这种事情上纠结着的，是自己没有被尊重的感觉。

不久之后，女生告诉我，她的男友已经除去网页上的前女

友照片。但她一点也不开心，“一定是藏起来了，”她说。这个时候女生所计较的，就是男生是否彻底将前女友的一切抛在岁月的尘埃中。

我告诉她，这件事情可以到此为止了，因为男友已经表明尊重现任女友的立场。至于男友是不是还偷偷藏着前女友的照片，追究这事情是没有意义的。就算她的前男友把前女友所有照片档案都消除，但是他和前女友共同的美好回忆，却会永远地留存在他的心中。

于是你感觉，自己面对着一个无形的怪兽，一个打不死的前女友幽魂。为了这个幽魂，你吃不好也睡不好，还无视于男友当下对待你种种的好。如果男友对待你有不周到的地方，你就立刻想成“一定是受到前女友影响”，而无止尽地和男友计较下去。

结果原本愉快的恋爱，变成充满阴影的恋爱。也许男人的前女友已经离开你们很远，也与男人不再联络，也不占据男人心中的爱恋地位，却独独在你的心中。也就是说，她的存在对你的男人并不重要，反而对你还比较重要。

我们必须学习接纳另一半是“有故事的人”，而我们也要尊重自己是“有故事的人”。谈恋爱没有结果是很正常的事情，也许是因为缘分不够，也许是因为还在练习与人相处，所以有了开始，却到不了结果。也就是因为之前有那么多人不懂珍惜，不适合这么好的人，所以你和他之间才有这个缘分。

就是因为之前犯过这么多爱情的错误，所以我们都试着努力，让自己成为一个更好的人，更不容易伤害爱情的人。既然我们都那么努力，也应该给彼此加油打气，试着别让自己过去的故事，介入到今天的双方当中。但这不意味着，我们得否定过去的每一个人，与他们刻意保持冷漠，来表达我们对于现任伴侣的忠心。我们只是专注于当下的生活和爱情并努力着，这才是重点。有了这份专注，那么过去是否和现在还有联系，都影响不了谁。

对于不再是爱情的情谊，也能当成是友谊，能有举手之劳帮助的机会，也不需要吝惜。但你知道，爱情是曾经，没有就是没有了。你应该优先表达出这样的态度，让你的现任情人明白。最好一开始交往就彼此坦白，而这一次坦白了之后，以后再也不需要提起，无论是自己的或是对方的。

时常提起对方旧情人，去比较、去扯旧账，是非常愚昧的事情。原本人是很容易健忘的动物，只要不见、不联络的时间一久，再加上真实生活中种种的责任和压力事务前仆后继挤压，对旧情人的印象与回忆就逐渐缩小了。相对地，当你不断地去提起他的旧情人，正好提醒他去回忆与想象，把他对于旧情人的印象放大出来。

我们都很清楚，旧情人在我们心中的回忆是不会消失的，我们只是会在心里安排好一个小小的角落安置他。不是期待重新来过的一天，而是安置着自己一段人生历程，一段只属于自己的记忆。毕竟，没有这些历程，没有这些记忆，也成就不了现在的我们。谁都无法割舍过去的人生，凡走过的，必留下足迹。

后来的你，也许会在某一个很适合的天气里想起旧情人，甚至想知道他好不好，但这也是属于你自己的心情，并不代表你想与旧情人重回往日时光。而你的现任情人也是如此，他也许在某一个适合的场合里想起了旧情人，但同样不代表他渴望回到旧情人的怀抱。两个人即使在一起了，也要给对方这种“回顾自己生命历程”的空间，从其中找到力量，也从其中找到反省。回顾旧情人时，旧情人只是配角，主角都是自己的经历。

唯有尊重另一半的生命记忆，你才能更深刻地拥抱他。

单方面的付出，不是爱情。
真正的爱情，只要你的一滴眼泪，都会使他心碎。
在这样的爱情里，你没有机会割地赔款。

爱情要付出却不该盲目

在爱情里的付出，不该只是碍于情面的不得不，或者情感上的压力所产生的不得不。当情人要求你付出时，最好你都曾经想过，这样的付出是否对两个人都好，才去付出。盲目的付出是不值得的，哪怕只是帮那个人付一顿饭的钱。

多数男人找对象都是有目的性的，也许是针对美色考虑，也许是针对金钱考虑，其实这些都可以接受，只要男人在决定对象之前，已经确认并接受自己该付出的是什么，而且你也爱他，那就是一段现实上能接受的姻缘。

其实感情也没有那么地绝对，也许你以为男人只会为了某种现实的目的决定对象，但其实多数男人是无法和一个完全不想同床共枕的女人厮守一生。所以多数男人决定对象，一半是现实，一半是浪漫。

而女人完全不能接受的是那种只想利用女人却丝毫不肯付出的男人。这种男人一开始接近女人的时候，就是披着羊皮的狼，一开始他会让女人感觉不必付出就可以得到爱情、金钱，然而，一旦女人爱上了之后，才知道事实完全相反，原来是男人一开始就打定主意，不费吹灰之力得到女人的美色、爱情、金钱，之前的演出只是诱饵。

这时候已经投入感情难以自拔的女人，就只得无止尽地付出，才能继续获取爱情，甚至不惜割地赔款。结果，爱情谈到最后伤痕累累，女人感觉越谈越爱，越离不开，但男人却是得到越多越感理所当然；女人只觉得真爱无止尽，而男人只觉得享受无止尽。

然而，真正的爱情是不需要谈到割地赔款的地步，因为没有一个负责任的男人会舍得让自己心爱的女人割地赔款，他们只会对着自己心爱的女人割地赔款，甚至在双方都困窘的情形下一起割地赔款。单方面的付出不是爱情，真正的爱情，只要你的一滴眼泪，都会使他心碎。在这样的爱情里，你没有机会割地赔款。

如果女人的爱情已经谈到割地赔款的地步，如果男人提到自己的要求都说得头头是道，而对女人的要求都当成耳边风，连理都懒得理，如果两个人可见的未来就是互相怨怼与憎恨，如果这一切都不是你想要的，何妨放手？分开之后的两个人，还有机会各自寻找属于自己的幸福，发展出更有希望的人生，

而你们两个人之间的关系，也不会从相爱变成仇恨。

只要两个人的关系不走到仇恨的地步，他日相见还愿意给对方一抹微笑，还能在对方有困难时伸出援手，让往日的情谊继续在未来发酵。

相反地，如果为了不甘心不放手，继续割地赔款下去，那么你的付出再也无法使两个人的关系更好，只是喂养着一个绝望的深渊，当绝望到了尽头，依然是分离，而且更是刀刃相见的分离。

如果自己总是拿着盾牌在阻挡缘分的降临，
无论有多少缘分都会被挡掉。
或许有时候我们也不知道自己拿着盾牌在阻挡缘分吧。

把心打开

有一天，一位女性朋友对我说，她在同一家公司上班已经超过十年，这十年间，她每天都搭同一班车上下班，走同一条路线回家，吃同一家早餐店的早餐。公司附近的简餐店或自助餐店如果倒闭了，她就继续在同一个地方开设的任何餐馆吃午餐。

她有严格的自我要求，如果列出来，恐怕三天三夜都说不完。她要求自己不可以穿着太暴露，不可以随便单独和男生去吃饭（除非工作需要），不可以接受客户招待，不可以迟到早退……她维持着非常好的理性，看起来幽幽的、冷冷的，不是很难相处却也不是很容易接近，让人不知道她究竟喜欢什么，不喜欢什么，该做什么才能讨她开心。

她当然不像自己表现得那样理性，她的内心世界也有许多热情。只是，她小心翼翼地将自己的热情包覆起来，就是怕受到伤害，怕一旦理性失衡了，生活局面就变得难以控制。她期待有个对象能够给她充足的安全感并保护她，也许她才有勇气将内心的感性展现出来。

很多女生都相信，就算让自己维持在生命最灰色的状态，只要遇见一个爱她的男生，就可以让生活从黑白的变成彩色的。问题是，男生打从她身边走过时，只看见灰白一片，要如何萌生爱上她的感觉？

虽然说缘分是天注定的，但如果自己总是拿着盾牌在阻挡缘分的降临，无论有多少缘分都会被挡掉。或许有时候我们也不知道自己拿着盾牌在阻挡缘分吧？

这真的是非常矛盾的事情。我上面说的这位朋友，其实非常渴望恋爱，时常到月老庙求姻缘，求得了不少加持桃花的幸运物。在她的家里，有桃花阵，有粉水晶，如果听到有什么可以增强桃花运的妙方，她都尝试。她讲究打扮与保养，为的就是吸引异性的注意。我觉得这些事情并非毫无意义，如果你也做这些事情，那只是无时不刻地提醒自己，内心最渴望的是什么，也算是踏出的一小步。

但是，这位朋友对异性的邀约，筛选却非常严格。她的异性朋友非常少，甚至可以说没有，因为她总是对接近她的异性抱持着戒心。她不喜欢男生抱着追求她的目的来与她交朋友，因为“感觉很怪”；她不喜欢男生借着工作之便来与她交朋友，因为“不想公私不分”；别人介绍男生给她，她也不要，因为她认为“这不是进入恋爱的自然方式”。

她渴望的是一见钟情，就是那种在街上突然对上眼，就爱上对方的方式。她的桃花其实不少，根本不必求，但她却拿着盾牌到处挡桃花，而这个盾牌就是“一颗没有打开的心”。

每个人都应该打开心房探索这个世界、拥抱这个世界，无论是好的、坏的，都要有点认知。我们来到这个世界上，最享受的事情不是得到金钱或情人，而是持续地为这个世上所有人和事物感动着，有点冲动的任性着、懊恼着。打开心房，不是要把所有异性都当成可能的交往对象，或是勉强去和自己不熟的人做朋友，而是对于自己以外的人，都抱持着欣赏的态度，无论是对于男人还是女人。

每个人的身上都有某些优点，但很遗憾的是，如果我们的心房没有打开，就只会看见别人和我们之间存在的利害关系，看见比较、对立、威胁。当你每天一睁开眼睛，走出你家大门，心

里想的是工作，看见人就充满戒心，把自己包裹在一个冰冷的世界里，要如何和别人产生柔软的共鸣？如此，当别人靠近你的时候，也感受到你要保持的距离，就会在你的红线之外止步了。

真正的招桃花方式，其实是懂得去欣赏别人，并且大方地表现出你有多欣赏他，无论是对于男人还是女人。每一个人都喜欢被了解，而所谓的被了解，不是了解他的是非八卦，而是了解他做事情的初衷。这样的了解能使人与人之间产生感动。这世界上不是只有你自己是美好的，许多人也都很美好，而为了与他们共同创造更美好的生活，才有爱情与友情。桃花不但是要遇见，也要有眼光看见，这就是靠平常欣赏别人优点的习惯去找到的。

如果你内心渴望恋情，如果你已经做了许多招桃花的小撇步，请不妨再多做一件事情，就是打开你的心房欣赏别人的优点，用更大的热情拥抱世界，让每一个人都能感觉到从而靠近你，从你的眼光看出去，能看见一片未曾见过的美丽新世界。

在你的心里面，一定对特定食物感兴趣，对特定娱乐感兴趣，
甚至也可以只对于赚钱感兴趣，
就是这些喜好创造出一个人的魅力。

用心感受生活

有位朋友曾经有过一位交往对象，仅三个月恋情就无疾而终。约会时男生问她想吃什么，她就说都可以。男生费了九牛二虎之力，买了两张演场会的票带她去欣赏，结束之后问她感觉如何，她就说还不错。情人节到了，男生问她想要什么礼物，她就说不知道。

有一次男生特地为她请了假，要带她出国玩，但她因为担心两个人发生“婚前性行为”，就婉拒了，而且她说她也没有道理为了玩乐请假。后来男生有点生气了，就开始对她冷淡，但她看起来也没什么反应。因为她告诉自己，“这男生应该最

近比较忙”。

男生说了一堆不见面的借口，她也维持着理性说“没有关系”、“还好”、“无所谓”……男生最后默默地消失了，而她伤心了好一阵子，连分手的原因都没有过问。

其实这个女生不是冷淡，也不是故意拿乔。她回答男生的都是“实话”。她对食物的确没有什么好恶，演唱会的表演她也感觉普普通通，而身为一个自立自强又自爱的女性，她也从没有想过要从男人身上得到什么礼物。

当男人开始对她冷淡时，她虽然感觉有点不舒服，生活有点受影响，但她的确能靠着自己调适好，所以不对男人提出抗议。她真的是一个非常好的女生，不太麻烦别人的女生，可是恋爱总是谈得轻淡的像两个人之间从没有过关系。当青春过了一大半之后，她回顾了几段恋情，竟然也不觉得自己有过爱情。身边的朋友总安慰她说，都是男生不好，不够爱她，下一个男人会更好，然后，下一个男人还是一样这么不好。

我们似乎很难发现自己的桃花运之所以烂成这样，很多时候都是因为别人实在不知道如何与我们相处，只好乱枪打鸟、随心所欲，结果当然爱得乱七八糟。这位女生其实需要的不是再等下一个男人，而是学习用心感受生活，把自己对生活的品位和好恶找回来。这其实一点都不难，每一个人都有独特的喜好，不可能对任何事物感觉都很平凡，在你的心里面，一定对特定食物感兴趣，对特定娱乐感兴趣，甚至也可以只对赚钱感兴趣，就是这些喜好创造出一个人的魅力。

没有错，是你的兴趣与独特个性创造出自己的魅力。每一个人都有自己的兴趣与个性，应该都有属于自己的魅力，只是我们常常在教育的压抑当中、在媒体的误导当中，失去对自己真实的了解，才会对身边的一切感到平淡无奇。

许多上班族女性提到兴趣，就是逛街购物，但是对与自己生活具有切身关系的衣食住行，却没有什么感受力。在繁忙的日子里，我们逐渐地只能快速以价钱和外观抉择饮食、居住、穿衣、代步工具，我们主观的感受被隔绝在社会眼光和价值上。于是，自己的好恶感很简单：只要是越昂贵的商品或服务，我们就越接受，但是不了解价钱的商品或服务，我们就无从判定自己喜欢与否。

即使是欣赏文学、艺术或音乐，也是一样的。我们用品牌和时尚流行度来决定自己要欣赏什么样的文学、艺术或音乐，却无关乎感动。原本，我们终于从学校毕业，可以自由自在、随心所欲地接触自己喜爱的事物，然而，很快地，我们就陷入整个物欲和金钱的控制中，再度封闭真实的自己。

对于食物，不能分辨是好吃还是不好吃，不确定自己喜欢吃或不喜欢吃；对于穿衣，不能分辨是流行时尚还是适合自己；对于休闲娱乐，不能分辨是赶集式的大拜跟风，还是自己真心向往。我们对于真实生活失去热情，当然与他人交往也陷入了不冷不热，甚至退化到条件式的交易。在没有找到真实的自己之前，我们要如何找到真命天子呢？

你总要表现出对事情有好恶、感兴趣或不感兴趣，别人才找得到接近你、对你表达友善的方式。

女生要努力提升自己，而且要了解：
当你把自己提升到什么地步，你就是会遇见什么样的男人。
“错的人”只会来自于错误的自己。

和美女做朋友

有一天和一位名女人聊天，提起单身女性找不到好对象的困扰，该怎么办？结果这位说话超直接的前辈劈头就说：“首先，你不要老是和比自己漂亮的女生混在一起，这样你永远没有能见度，这很现实。”

我不是要反驳前辈的说法，我只是觉得，漂亮这档事永远比不完，如果真要比，要和比自己丑多少的朋友在一起，才会提高能见度呢？其实，最重要的还是自信。我也曾经见过不漂亮的女生老和很漂亮的女生混在一起，结果异性缘还比漂亮女生好很多，那就是因为她自信又好相处。

有个打趣的故事是用阿拉丁神灯来描述女生单身的心态。在灯神被关的第一百年，灯神许下心愿说，如果有人来救他，他会给那个人一个愿望。等到他被关了两百年之后，灯神又许下心愿说，如果有人来救他，他会给那个人三个愿望。到了第三百年的时候，他说，如果有人真的能救他，他愿意给那个人所有他想要的东西。到了第四百年的时候，还是没有人来救他。于是灯神生气地说："如果现在有人来救我，我会杀了他。"

我曾经在二十岁的时候许下一个愿望，那就是第一个送我玫瑰花的男生，我就要嫁给他，爱他一辈子。我认识的单身朋友几年前曾对我说，如果哪天"那个人"出现了，她非先痛扁他一顿不可，而且那几年因为寂寞而暴增的债务，都要算到他的头上。

我发现一个很奇妙的心理因素，那就是已经习惯被追求的女生，很容易就能从蛛丝马迹中找到自己被喜欢的证据，而且非常大方地接受人家对她的殷勤。相对的，没有那么习惯被追求的女生，即使男生在她面前斩鸡头赌誓说喜欢她，她也是半信半疑，甚至还怀疑男生别有用心，于是就会制造出一些奇怪的障碍考验男生的决心。

例如，让对方追久一点、告诉对方他们之间的障碍是什么、不时出现阴阳怪气悲观的言论……总之，就是拼命地往“我们之间不可能”的方向去努力。然后看看男生有多大的决心，有多么想为了要得到她，把不可能变成可能。她们不大从生活细节感受男生的真心诚意，反而站得离男生远远地，看着他们跳过五十厘米障碍、七十厘米障碍、一百厘米障碍、一百五十厘米障碍……，内心才有紧张刺激的被爱感受。

最后等到男生终于好不容易接近她的时候，她突然又莫名地悲观了起来，又陷在“我们不可能在一起、不可能幸福”的奇特氛围里，含着眼泪离开了男生，留下男生在风中一头雾水，不确定自己是在剧情片还是科幻片当中。

此外，因为安全感不足的问题，有些女生习惯用“条件论”筛选对象。她们习惯的做法是，先巨细靡遗地打听男生的条件、家世背景之后，然后找所谓的专家询问，他们在一起是否能幸福？在一起好吗？如果你也是这种心态，我想要先问问聪明的你，人和计算机有什么不同之处呢？

计算机是死的，是跑程序的，可人是活的，是可以互相影响的。差别就在于，你只要对着计算机输入速配条件，它就可以根据程序跑出百分之百的结果，但人没有那么简单，因为当你在跑程序的过程当中，还有一个超级变量，那就是你自己——在相处的过程中，你一直在影响着程序跑出来的答案啊！

所以所谓的条件论，也是仅供参考之用，甚至如果你的自信心够强，你也不需要参考什么专家意见。我的好友G在爱情路上一直不必参考别人的意见，那是因为她早就了解并且掌握，自己就是这感情里强烈的变量，她要如何，感情就会如何。

当然G也不是没有失败过，不过她至少都会认定自己没有选错，然后继续谈自己高兴谈的恋爱。和G谈恋爱是要跟上她的脚步，她的人生成长到哪个标准，她就谈出那个标准值的恋爱，没什么好反省的。对于持续自我要求，以及持续追求成长的女生来说就是这样，她没有必要特别为了爱情去反省什么。简单做自己，很精彩又很痛快。

女生们想要把感情谈好，“用心”比起“用手段”重要。“用心”指的是，你是否持续并积极正面地成就这段恋情，直到确定两个人不适合或不爱了为止。“用手段”则是很负面地一再考验男人的耐心，直到男人累了、倦了，不想再和你继续下去。

许多女生难以对恋爱积极，习惯玩“男人盖城堡自己摧毁”的游戏，主要是因为缺乏安全感。我们总是想，万一积极努力却还没有好结果，那挫折真是大了。所以我们先把“万分不可能在一起”的戏码演尽，如果男人还没有逃跑，就比较有安全感继续在一起。

不过我要说的是，男人有时候没有逃跑，只是因为懒得逃而已。其实，感情生活中，哪里会没有挫折呢？既然感情是全面性的自由自主，那么成功或失败的范围也会特别的大，无论是爱情里的常胜将军还是失败者，都遇得到恋情受挫的机会。在爱情面前，人人平等！

女生要努力提升自己，而且要了解：当你把自己提升到什么地步，你就是会遇见什么样的男人。“错的人”只会来自于错误的自己。“错误”也不是绝境，更何况说到底，人生中有太多美好是藏在错误当中的。

因此，当有一个人来到你的面前，向你献上他所能表达的真心诚意，而你也有点喜欢他，就应该大方地接受他所奉献的，并且用心看待他所奉献的。你不应该和一个人心对心的交流之后，还陷在自己幻想的小剧场里，演着男人一辈子都不可能理解的戏码，更别说呼应你的需求了。

大方坦承地响应他的感情，大方坦承地说出你的感受。如果你愿意给他一个努力的目标，他一定可以成为“对的人”。

谈恋爱又不是面试，真的不必这么累。
因为爱情里最爽快的部分，就是“任性地”做自己，
还有人“盲目地”好爱你。

女生做什么都不对？

常常有女生问我：“男生是不是不喜欢太黏的女生？不喜欢太强势的女生？不喜欢太做作的女生？不喜欢太……的女生？”

有一天我非常无聊地问我们家老爷说，当初我如果做什么事情会吓跑他？

“一天传十封以上简讯给你？”（很黏的表现）

“那表示你很在乎我，我会很爽。”

“一天打二十通以上电话给你？”（很卢的表现）

“那表示你满脑子都是我，我会高兴死。”

“不准你这样那样，命令你这样那样？”（强势的表现）

“那表示你很关心我，那是大好消息啊。”

“那如果什么事情都不能自己决定，都要问你呢？”（很没主见的表现）

“哪个男人不会因此而高兴呢？这完全满足大男子主义。”

“那把你一个人丢在餐厅，掉头走人呢？”

“我那时觉得，你那天可能情绪不好吧。无所谓啦！”

不过确实大多数男生都会说，不喜欢这样那样的女生啊！那问题到底出在哪里呢？

我非常用力地想了好几天，总算让我想到一点头绪。问题在于：他还没那么喜欢你，所以用“选妃”的角度在检视你合适不合适他，所以才会有“不要太黏”、“不要太卢”、“不要太强势”……这些门坎出现。这个时候，男人是理性多过于感性的。其实这没什么了不起的大道理，将心比心，我们女生也是一样，如果没有很喜欢一个男生，也是从“条件”上去挑剔他的一切。

实际上，都不过是在为“进入恋爱关系”打刹车挡而已。（进入“恋爱关系”之后，本来一个月见两次面，变成一个星期必须联络八百次，这个转折是会让人倍感压力的。）

面对“你的对象还太理性”的状态，是要前进还是后退呢？这大大地困扰了很多女生。两个人之间明明有点什么，却好像又没有什么，暧暧昧昧、忽近忽远，该怎么办才好？

我读到小逸的书，提到她认识的宅男如果遇到这种窘境，就“给她告白下去”，逼着对方表态。这好像明明人家答案还没写完，时间还没到，就逼着人家交卷一样。事实上，女生也会这么做。毕竟在暧昧的时光里，对比较投入的男生女生来说，都是如坐针毡。我们都想要丢下一颗炸弹，翻牌之后让生活归于平静。问题是，丢下“告白”这一颗炸弹之后，真的能归于平静吗？

基本上能归于平静只有两种可能：

第一个是，对方告诉你：“我永远不可能爱上你。”（但只要是正常成熟的人，都不会说出这种话。）

第二个是，对方告诉你：“我们在一起吧。”（对方考卷都还没写完，感情没到达想在一起、一星期联络八百次的地步，也不可能说出这种话。）

所以通常女生告白之后得到的答案，只有这几种：

第一种：“我现在还不想交女朋友。”（表示他还在观望你。）

第二种：“我习惯单身一个人。”（表示如果你愿意只和

他玩玩，他就很欢迎。）

第三种：“你很好，但我们不适合。”（表示他真的不喜欢你。）

不知道哪个答案能让陷入爱情里的女生归于平静？要是我，哪一个答案都不会阻止我继续爱下去、痛苦下去。

所以我实在不建议女生为了解决暧昧里的痛苦，而自己去翻牌。通常在这样的情况下，翻到的都不是什么好牌。而会把两个人的关系搞到这么不上不下的男人，我也不大肯定。我觉得会钓着女生的男人，不是太没自信就是太不光明磊落。

不过如果你就是爱这个，那也不是毫无解决办法。首先要做的，就是绝对不摊牌。摊牌不是什么认输的问题，而是破坏情调的问题。女生在这个时候，应该要把情调营造得更好、更暧昧一点，才能破坏对方理性的自制力。如果你没有能力破坏对方理性的自制力，就不可能和他一起坠入爱河。就算经过告白谈判而进入恋爱关系，对方也是会很快地游上岸。

要让人坠入爱河，靠的不是推土机，而是水中的明月啊！这就如同我的已婚女友最近提到一位喜欢她的男生。她说，她一直看那个男生普普通通，没什么吸引人的条件，但最近她发生了一个紧急事件，男生第一时间跳出来帮了她一把，瞬间给了她一个“当时极为需要的温柔眼神”，让她的理性顿时整个瓦解。“那真是令人心痒难耐的一刻，幸好我的婚姻美满，不可能赌上。如果我还是单身，就掉下去了。”

我小时候曾经因为一个很愚蠢的事件而深深爱上一个男生——因为在某一个愉快的电话聊天夜晚之后，他用极为温柔的声音对我说了“晚安”。重点是情调，爱情不是告白谈判啊！

当然，女生谈恋爱也不必那么复杂伤神，真的。这世界上还有超过一大半的男人都是敢冲敢做、敢爱敢恨的，你实在不必非找那种“暧昧”不可，搞得自己不断地怀疑自己哪里不好，怎么做都不对。拜托，谈恋爱又不是面试，真的不必这么累。因为爱情里最爽快的部分，就是：“任性地”做自己，还有人“盲目地”好爱你。

如果有男人锁定了你，全速冲过来告诉你：

你的邪恶对他来说叫做机灵。

你的强势对他来说叫做有主见。

你的机车对他来说叫做有个性。

你的白目对他来说叫做天真。

你的无理取闹对他来说叫做可爱。

你就算整个人黏在他身上，对他来说也不会是问题。

爱情里是没有什么受害者的。
你一定曾经觉得幸福过，才会当它是爱情。
唯一该处理的伤口只是遗憾，遗憾你们没有在一起。

爱情的伤口

每一个人的心里，都有深深浅浅的爱情带来的伤口。有人说，要让这个伤口变好，就是要去面对它、理解它，并且也理解过往的自己。

为什么你一直爱上错的人？为什么你爱的人总是不爱你？为什么你爱的人永远都是劈腿？为什么你甘于在爱情里受尽折磨？最重要的是：为什么你一直是爱情里的受害者？

于是有人说：如果你知道自己当初发生了什么事情，为什么会受尽折磨，就可以从其中解脱。也许是童年的阴影；也许是性格上的弱点；也许是欲望中的缺口……是这些问题，才让你有了一段不幸福的过去。

其实处理爱情伤口最好的方式，就是原谅。了解一件事情，那就是：你并不是爱情里的受害者。

你要相信没有一个人不爱自己，没有一个人特别喜欢找苦吃。我们当初之所以会甘愿不走开，是因为我们感受到幸福。即使那幸福如此浅薄、渺小，但你真的幸福过，也抓紧了这点小小的幸福努力着，对它盼望着更多的幸福到来。结果无疑失望，但你真的幸福过。

当你一个人走在街上，你发现有人比他好、比他差，但没有一个人看见你。你就知道，那些交手或纠缠，不是太倒霉的事情。至少有人容许过你，在他的心上，在他的生活中，踩过足迹。他喊得出你的名字，记得和你共有过的记忆。他曾经为你感到幸福过，否则，他会一直是路上那些陌生人，而你也只是他见过的众多陌生的脸孔之一而已。

你们只是最后没有在一起。

你们没有在一起，也许是因为他不爱；也许是因为他软弱；也许有很多理由。无论如何，请尊重他不想爱的心情。每一个人都有不想爱的权利，就连你也是。

他处理得不好，不会太罪大恶极。其实你也不是每一件事情都处理得很好。有时候我们也落跑、也说谎、也贪婪，其实，我们每一个人都是，只不过事情还没有把我们逼到耍无赖而已。我觉得，爱情里没有什么受害者。你一定曾经觉得幸福过，才会当它是爱情。唯一该处理的伤口只是遗憾，遗憾你们没有在一起。这只是人生众多遗憾的其中之一。

谁都说要爱自己。如果你真的学会爱自己，不要去诅咒你爱过的人，对自己好一点，不要去诅咒自己曾经那样的幸福。你追求幸福并没有错，他给不起也没有错。你们相爱，也是对的。

灰色地带的爱情重点是美感而不是结果，
你就是要把它谈得很美，谈到无怨无悔、无怨无尤。
有始有终，人生才会快活。

灰色的爱情?

最近有人告诉我，爱情不是只有黑与白，还有灰色地带。很美吧？听起来似乎是。

虽然身为一个应该感性的创作者，但还是非常理性地去思考这个问题。那就是：什么是灰色的爱情？是相爱但是因为环境阻挠所以不能在一起吗？是友达以上恋人未满吗？是分手之后的藕断丝连吗？是偶尔有感觉，偶尔又没有感觉吗？

最近有个故事，一位丈夫一边照顾着癌症的妻子，一边不能控制自己不断地有外遇。大家都在问：那是什么状况？我觉得，丈夫对患病的妻子是爱情，对外遇是自我投射的欲望。

人性最不能突破的点，就是只想沾好的，不管是好吃的、好用的、好看的、好玩的、好享受的……都能吸引人。相反的，不好吃的、不好用的、不好看的、不好玩的、不享受的，大家都避之唯恐不及。心动的感觉，多半都是在好吃的、好用的、好看的、好玩的、好享受的当中发生。

然后你发现，好吃却要付钱，好用却要出力，好看却要花时间，好玩但很伤身，好享受但有被掏空的感觉。于是，发现真相之后，有人逐渐败下阵来。那心动的感觉最后只停在喜欢，很抱歉因为生命的行情不好，掏不出钱来支付这些顶级享乐，反而嫌弃价钱昂贵。

有些人继续挺进，因为他们看见了好吃的、好用的、好看

的、好玩的、好享受之外的美好，那些心有灵犀的瞬间，千金难抵。不过，由于生命的行情还是不够好，所以进入不了爱情VIP大门。继续笨笨挺进的人，是相信爱情、只看着爱情的。他们感受到专属爱与被爱的感动，就算口袋付到山穷水尽也在所不惜。

上帝说，凡敲门的，它必开门。他们对爱情如此敬畏，怎能不得到爱情？那位照顾着癌症妻子的丈夫，不是凭借着一纸婚姻承诺撑下去的。你知道，有些人只要活着，就对我们有了意义，无论他能否再给我们带来什么。这才是爱。在男女之间，这叫做爱情。

能够成为某个人心目中“只要活着就对他很重要”的人，那是何等的恩典！外遇对象可以一换再换，但真正对于他生命有意义的人，他的心一秒钟都离不开。以这样的标准来定义爱情，我不知道爱情有什么灰色地带。

这样的爱情并非不劳而获的，也不是靠伪装和谎言能得到。

首先你必须先是一个真实的人，不要伪装自己，那么才会零失误地找到对的人。然后你要为自己负起生命的责任。像是那种“找到好男人嫁了人生就可以了”的心态要丢到垃圾桶去。如果你要把自己变成一个物质或情感上的寄生虫，那么谁都避之唯恐不及，只有利用完你的好处就丢掉你的人，才会暂时和你爱在一起。

虽然你不可能十全十美，但一定要为自己的人生尽力。然后你要学习不贪心，不被那些过于浪漫的假爱情诱惑，像是鲜花以及花言巧语，拜托，你又不是妈祖娘，不需要那么多进贡。如果你爱浪漫多过于爱真诚，那么江湖上到处都是爱情陷阱，而且每一个都针对你。

你应该学习抵抗寂寞，不要在生病的时候吃特效药或大补特补，因为通常很伤身。把这样的自己准备好，你就会知道，哪些男人是你的对象，哪些男人只是陪你演戏的戏子。这样至少你可以筛选掉百分之九十九错的人。频率不对，错的人就不会近身。

当然有时候你还没有准备好就遇见了爱情。这时你需要认识到，爱情不是王子单方面的事情，你也有责任帮助王子把恋爱谈得好一点。所以你不能因为谈了恋爱就死掉，反而要活过来，经营爱情。我就认识女人虽然爱了满差劲的人，最后却有好结果的爱情。过程是累了一点，但如果她是真爱那个人，那也没啥好计较的。

如果你想说，爱情是不能预期的，我觉得你对于自己说出的这话要有点责任心，就是要把不能预期又不好不坏的爱情谈到好，至少不要谈到自己寻短自残，最后赖说男人很贱。

如果你认同，爱情是有灰色地带的，我觉得你对于自己说出的话也要有点责任心。灰色地带的爱情重点是美感而不是结果，你就是要把它谈得很美，谈到无怨无悔、无怨无尤。有始有终，人生才会快活。

如果你的人生和我一样短，如果你和我一样追求那种“只要你活着对我就有意义”的爱情，如果你认为人生除了爱情还有其他可贵的价值，如果你和我一样厌烦虚假伪装，请不要为了有人陪而不寂寞、有男人可以炫耀幸福、有男人可以仗势、有爱情而不当败犬，去谈恋爱。

你骗得了一时，感觉上自己或对方都成功地被欺骗了，可是大家的灵魂很清楚，最后做决定时都说是感觉不对，其实就是灵魂早已看透这一切，要不要分？要不要恨？要不要继续在一起？只是时机问题。

最后我要说的是，人生观如何，爱情观就如何，爱情没有对错，但愿赌服输是最高指导原则。得了便宜又想卖乖，一辈子痛苦。

Brunch
Time

Ⅳ

嫁？不嫁？都要幸福

每一个人都不相同，每一对情侣想要的生活方式和人生追求也不相同，因此，你完完全全可以依照自己和情人之间的默契，决定两个人想要的婚姻生活，不需要受制于传统加诸的负担。如果你们都不想要，认为对自己无益，便不需要奉行不悖。毕竟，在未来长长的人生路上，欢喜与责任都是属于你们自己的。

当你选择了一个对象，就是选择了你未来的人生，你们之间有所不同，但方向大致相同，能够彼此尊重欣赏，就是很好的婚姻基石。

女人选择对象要看他当下的条件，更要看他过去努力的轨迹，他是不是一个持续上进的男人？如果是，他就是一个绩优股，就是一个值得共同奋斗的人生伴侣。

在爱情里，如果我们的人生毫无目标，
当然什么牛鬼蛇神都会看对眼，
但如果我们的人生有目标，我们爱上的人也会有自己的人生目标。

爱自己就是爱自己的人生

女性要谈感情前，一定要先具备爱自己的能力。很多人都不懂，什么是爱自己的能力？以为爱自己就是三天两头往SPA沙龙的VIP室报到，或者是每周向百货公司参拜，把自己从头到脚都保持得非常水嫩。这种爱自己的方法是商人给你的噱头，不是王道。

很多女生讲求这种爱自己的方式，结果陷入自我感觉良好与疯狂想象当中。她最后终于成为了公主或女王，可那个国度也只有她自己一个人。很多男生遇见这样的女生就逃之夭夭，不是因为他们付不起买钻石的钱，而是他们看见公主活在自己世界里的危机——无法面对现实，不懂与人沟通，不知道如何对待别人。

爱自己的第一步就是保护自己，从经济生活和现实生活中保护自己。有良好的事业规划，绝对是一个成熟女人爱自己的重要步骤。无论未来是否有良好的婚姻，良好的事业基础就是进可攻退可守的保障。我认为二十五岁之前的女性，至少要把自己的事业蓝图规划好，至少有个起步，并且保持在专业上的进步。

在现实生活上也要保护自己，要清楚地认识身边的人，谁对自己好？而谁对自己不好？谁的意见最好听进去？谁的意见听听就好？你需要建立一个无论如何都会保护你的城堡，而那通常就是你的原生家庭、你的亲人，所以请善待他们。

也要选择朋友，不要当成被利用的、实际上却可有可无的朋友。要学着自己先消化吸收生活上的难题，不要在情绪上过度依赖朋友。你可以对别人好，也可以接受别人的好，但要清楚大家的互相往来是出于什么样的目的或感情。

谈感情也是如此，要清楚自己要的情感和未来是什么。如果你总是说“随缘就好”，或者提出很多虚幻的择偶条件，那么你不够爱自己，因为你没有一个确实的目标，只是乱枪打鸟地寻觅感情。这样的结果是，什么样的男人来了，你都有可能在天时地利人和的情况下爱上他，然后任由感情带着你前往任何可能性的未来。

如果不婚主义或单身主义的贵族式生活是你向往的人生目标，那也不代表就可以对感情抱着随缘的态度。有些人一开始抱着单身主义，但是年华老去之后，就迫不及待找个“还可以的人”嫁了。或者因为抱着单身主义，遇见太多不负责任的

男人，导致恋爱谈得很辛苦，结果人生回顾起来，也是很多不堪。

单身主义也是一种生活态度，是积极而且充满计划性的，并非为了逃避家庭责任、婚姻责任而产生，因此需要有周全的布局，而这布局起来，复杂度不会少于结婚。因为在我们的一生当中，无论是在婚姻或者婚姻之外的需求都是一样的——我们都需要稳定的生活，各种情感的连系，以及自我成就感。至少有一点你必须确认，那就是你所选择的交往对象，不是在逃避家庭或婚姻责任，而是与你一样具有“使用单身方式过好人生”的积极性。

如果婚姻生活是你的目标，你至少得过滤掉那些对婚姻却步以及消极逃避的“假单身主义者”。虽然两个人交往不一定要以结婚为目标，但至少得进入“相知相惜”的状态才有意义。在爱情变得非常快餐的现代社会，许多人交往几周或几个月就分手了，几乎在跟对方都还认识不深时就厌烦。你应该让自己成为一个不那么容易厌烦的人，至少要对一个人有“好好认识他”的信心后，才决定与他交往。

一旦两个人面临了困难，也要先尝试着处理，因为你和某个人相处上的问题，也许换成下一个人也会遇到，如果你想要把恋爱谈好，最好不要选择逃避相爱过程中的问题。

在爱情里，如果我们的人生毫无目标，当然什么牛鬼蛇神都会看对眼，但如果我们的人生有目标，我们爱上的人也会有自己的人生目标。有自己的人生目标很重要，因为那表示：他选择对象不随便，处理感情问题不草率，至少他会知道，为了一个辣妹而放弃一个对自己相知相惜的女人，有多愚蠢。

虽然说，爱情是凭借着感觉，是感性的，但即使是感性，也不是乱枪打鸟地寻觅，那个人，一定是在某个部分呼应了你的价值观与人生观，才使得你对他那么有感觉、那么心灵契合。而在那感觉来到之前，请先好好地爱自己，爱自己的人生，并且积极不逃避地去爱。

她们以为为某个人付出一切，
就是不要健康、不要名誉、不要尊严、不要工作、不要亲情和友情……，
可她们没有想到的，是付出这一切的代价之后，会是什么？

不要把悔恨留给三十五岁后的自己

或许你现在总能够潇洒地说，你可以为了感情飞蛾扑火、付出一切，你就是一个执著的人，愿意为了某个人，牺牲生命也在所不惜。

这么潇洒有个性的话，许多女人年轻时都曾经说过。而当她们说这些话的时候，她们所想到的“一切”还非常地狭隘，她们所想象的“飞蛾扑火之痛”还是小儿科。她们以为为某个人付出一切，就是不要健康、不要名誉、不要尊严、不要工作、不要亲情和友情……，可她们没有想到的，是付出这一切

的代价之后会是什么？她们以为“爱情里的痛”就是付出一切还得不到的痛，就是失恋的那种痛。

如果你现在也这样认为，那么真的有点天真。

一位女性朋友说，年轻时她好爱好爱一个男人，甚至为了他堕胎过好几次，但男人却一再地背叛她，八年后恋情却无疾而终。原本她以为这辈子不会再对任何男人心动，然而她却遇到了真命天子，并且与他结婚。婚后两个人的生活非常地幸福美满，只是有一个小小的遗憾——医生说她做了太多堕胎手术，已经不能生育。

另一位年轻的女孩子，当年不顾家人反对，辍学和男友私奔，结果后来不务正业的男友锒铛入狱，她得独力扶养孩子。但问题是，没有什么学历、没有任何工作经验的她，找工作时一直碰壁，生活如此困窘已经不是她当年想象得到的代价。

一位女孩年轻时与男友私奔，因为家人强烈反对，因此和家人断了联系。十年之后，她与男友分手，回到家乡，却再也见不到自己的父母，他们已经离开人世了。

还有一位才三十多岁的女人，因为疾病缠身而结束生命。她的青春年华全都奉献给一个游手好闲的男人，为了满足他的物欲，她去特种行业工作，没日没夜地工作，因此年纪轻轻就靠着药罐子度日。

那些代价一点都不浪漫也不甜蜜，也不如罗曼史小说里所说的梦幻。那些代价与爱情无关，只与自己的人生有关，是自己要去面对的悔恨与尴尬。

他会怯步，不是因为他爱你或者不爱你，
而是因为他根本还没有把心思放在更深入的关系上，
也许他的脑袋还没有考虑到“另一半”这件事，
只是每天被升官发财、扬名立万的目标缠绕着。

二十五岁的男人依然茫然

同样是二十五岁的男人，和你有共同的想法吗？其实多数是没有的。

二十五岁的女人，有点紧张。谈恋爱，想找真命天子；事业，想要求个安定。再加上结婚年龄以及生育年龄的压力，二十五岁的女人已经非常想定下来了。然而，二十五岁的男人一点都不是如此。如果一位男性大学毕业之后就差不多二十五岁，几乎连一个事业基础都没有，更何况，紧接着下来，他还要面对家庭责任以及社会竞争压力，不得不多放点心在事业上。所以二十五岁的男人求的不是安定，而是冲刺，是成就。

如果二十五岁的你，同样的选择二十五岁的男人做为交往对象，恐怕需要多一点耐心，等待爱情开花结果。一般男人大概会等事业冲刺到一个高峰，才会认真考虑共度一生的对象，在此之前，所谓的交往对象，大概都只定位在陪伴关系上而已。要约会，可以；要过情人节，可以；要泡吧，可以；但若提到要更深入的关系，恐怕二十五岁的男人都会怯步。

他会怯步，不是因为他爱你或者不爱你，而是因为他根本还没有把心思放在更深入的关系上，也许他的脑袋还没有考虑到“另一半”这件事情，只是每天被升官发财、扬名立万的目标缠绕着。如果他是一个决定了什么就全力以赴的人，更是如此，因此草草地决定给予安定的承诺，以换取短暂的欢娱，不是他的作风。

虽然你的心里很急，却也无法用强制的方式逼他就范。有许多女生一急，就对男生下最后通牒，不结婚就分手，这样一翻两瞪眼的结果，就是两个人内心都重伤，因为被亲密爱人威胁的感觉真的很差。许多当年以“不结婚就分手”而获取结婚证书的恋人，多年之后以离婚收场是可想而知的，因为婚姻的一开始就是出自于一个不体谅、不尊重对方的立场，进入婚姻之后，两个人间的意见不同，还是以这种威胁的方式达到目的，就是长时间地伤害感情，于是一旦出现了选择的机会，谁都想从婚姻里逃出来。

很多人都说，婚姻只是一纸证书，从某个角度来看，也确实是如此，因为那一纸证书绝对比不过真心相许的感情。所以结不结婚都是其次，最重要的还是回归到真实的感情，是否有维系好。

如果你现在也面临着一个二十五岁男人的迷惘，而你也非常地爱他，就尽情地去爱他吧，让双方没有压力地相爱着。你当然也可以表达结婚的意愿，偶尔与他聊聊结婚的可能性，但真的没有必要下最后通牒，逼迫对方就范。因为输了感情才是全盘皆输。只要你确认他是爱你的，他就会把你的幸福放在心上，给一个承诺也是早晚的事情。

在结婚这件事情上，双方家长都算是“外人”，
只有结婚对象是“自己人”。
婚后的相处和困难，也是两个人要同心协力解决的。

结婚风云

最近听到一些和结婚相关的坏消息。这些坏消息大概都脱不了因为处理结婚细节，使情人之间产生冲突，接着双方家庭也尴尬。再接下去，就是“无解”或“分手”的局面。

我自己在结婚过程中遇到的问题算少，当阿嬷终于认可我的交往对象之后，差不多女生这方就没问题了。而我的婆婆首次见面就对我说，她完全不介意我的年龄问题，因此男生这方也差不多没问题了。然后我们家老爷对待我的一切我无话可说，也没什么好挑剔的。

不过我还是曾经一度不爽过。当年我们家老爷因为生病躺在病床上，姐妹淘们纷纷打电话来慰问，也有“劝阻”不要嫁

的。“我不会因为这样就不嫁给他，”心意已决。结果回头走进病房里，我的婆婆正在和一位女性长辈聊天，提到我因为宗教不能拿香拜拜的问题（我婆婆就像妈祖婆一样完全地为我着想）。结果那位和我夫家祖先牌位没有任何关系的女性长辈酸酸地对我说：“拜托，嫁鸡随鸡，祖先怎么可以不拜。”

当下我就火起来了，你你你……女性之耻，你嫁完之后是有从狗变成鸡吗？不过当回头一看到病床上想着结婚的他很开心的表情，就想算了，我选择闭嘴。结婚之后，曾经面临过拿香拜拜的窘境，不过和我夫家祖先牌位有密切关联的长辈非常贴心，直接把香接过去，这一直使我感念在心。

当初之所以会“算了”，不完全是因为爱情里的感性作祟，也是经过理性评估过的。我估计我结婚之后平均每一年不会见到那位女性长辈超过三次，所以她的存在对我来说毫无意义，她要多机车是她自己的业障，不是我的。

很多人都觉得结婚很麻烦。男生觉得应付女生家人的要求很麻烦、压力很大，女生则容易觉得男方家人很小气，不想嫁得很委屈。这是双方沟通最大的麻烦所在。如果再加上三姑六婆前来凑热闹，那婚肯定是更难结。最后就是，男生觉得女生家人太贪婪，然后女生觉得男生家人太没诚意。既然这样，分手好了！

在结婚这件事情上，之所以会变得剑拔弩张，主要就是男女双方对于结婚这件事的认知不同。男生觉得，结婚就像跑一个程序一样，过程越简便越好；女生觉得，结婚综合了“过去的浪漫爱情”和“将来的幸福人生”的意义，所以如果结婚这件事情不慎重，就差不多等同于爱情不浪漫，以后也不会多幸福了。

男方的三姑六婆有时候很贪小便宜，想省这个省那个，其实她们有时候也是出于善意，就是觉得年轻人不会省，而省下来的钱，以后也是小两口自己的啊！女方的三姑六婆有时候就觉得，婚礼越重视，表示对方越重视咱们家女儿，这样嫁过去才会幸福。所以在很多事情上，女方也是不让的。

这种僵局，就好像女生要帮男生戴戒指的时候，男生要把无名指弯起来，以免被女生“压落底”（怕老婆的意思）；而女方也想做同样的事情。其实认真来说，情侣之间也没想计较这事情，都是背后下指导棋的人在坚持。

看，结婚这件事情，就让相爱的男女双方忽然对立起来了，能不吵闹吗？

我个人认为，在结婚这件事情上，情侣们还是以双方自己沟通的意见为主比较好。就是以两个人私下的意见为核心，谈好了，各自去“应付”自己的家人和三姑六婆们。

女生给男生的任务就是：说服男生家长们，在提亲时尽量大鸣大放，表现出气度万千、要什么给什么的样子，再表现出“我们何其荣幸，很喜欢这女孩，以后也会好好对待她”的样子。男生给女生的任务就是：说服女生家长们，在提亲时尽量表现出“只希望好好对待女儿，除此之外都不重要”的样子，不要求更多，而其他仪式都尊重男方。

在结婚这件事情上，双方家长都算是“外人”，只有结婚对象是“自己人”。为什么呢？因为你们很相爱，你们想要永远地在一起，你们都一致地把结婚仪式当成应付旁人的工具。更何况，确实婚后的相处和困难，也是两个人要同心协力解决的，外人即使再鸡婆，也不能帮忙两个人的问题。

如果到了结婚这个当头，你还不能把结婚对象当做“自己人”，还要听从身边三姑六婆的意见，还没有办法百分之百地相信对方能带给自己幸福，那么说真的，这婚确实结得有点勉强了。

男生则别自卑过了头而恼羞成怒。如果女方家长对你提出质疑，你要虚心接受，作为“总有一天要证明你毫无眼光”的动力。你现在贫穷就是事实，你现在毫无成就就是事实，但这只是现在，不是未来。更何况，你对女生的心意是绝对没有别的男人可以比得上的。男生要有这种气势和信念才行，不要为了女生家长质疑两句就兵败如山倒，这样要我是女方家长，我也会不怎么看得起你。

然后女生自己也别自我膨胀过了头而拼了命追杀，要这个要那个，不给就拉倒。要是你为了一个几百万现金的房子，而错失了一个未来身价上亿而且爱你到死的男人，告诉你，要等到下一个，很难。

最后就是忘记三姑六婆说过的话。因为，你们以后真的不会也不允许这种人无端地介入你们之间。更现实一点来说，三姑六婆们在你们缺钱的时候不会借你们钱，在你们缺工作的时候没能介绍工作，在你们困难的时候除了放屁也不能给什么正面机会，那在乎她们干什么？

写这篇文章不是特别想鼓励结婚这件事情，而是想鼓励“有情人终成眷属”这件事情。男生说结婚只是一个过程，没错（多数男生言下之意就是，反正我的人给你，薪水给你，啥都给你，有必要这样做样子给人看吗？），女生说结婚是一辈子的事情，也没错（多数女生言下之意就是，既然我的人给你，人生都给你，多要一点真诚表现也不为过吧！）。事实上无论是哪一边的想法，追求的，其实都是共同的幸福感，都拿得出“啥都给你”的诚意啊！没有那种幸福的、更好将来的追求，谁想结婚啊？所以对于即将结婚的朋友，我有以下几点建议：

第一、彻底清除三姑六婆的干扰。

第二、没脑袋或语言能力不足，可以解释自己为什么要“结婚从简”的男人，最好表现出“一切尊重女生”的样子就好。

第三、得到“一切尊重女生”金牌的女生，请相对地表现出“我不忍心你压力太大”的样子。

第四、请各自处理自己家长的“不安全感”

第五、如果以上都已经尽了力，对方却还是不满，那么，不要和他（她）结婚，赶快分手去找真正的幸福。

我只期望他是真的了解我，因为了解而有信任，
因为信任而支持我达成我的梦想。
一个真心爱你的男人，又是有能力创造财富的男人，是最棒的。

那些幸运的精子们

对女性来说，最热门的话题应该是嫁入豪门。嫁入豪门之前，女生要先将心比心，先了解一下，如果今天你自己就有万贯家财，那么你希望是什么样的人来靠近你？

我觉得是真诚对待我的人，眼中彷佛可以看不见我的金钱那样，可以把注意力放在我的能力、我的兴趣、我的梦想、我的人格上面。这很重要，因为为了财富而想靠近他们的人太多了，他们的嗅觉比一般人灵敏，如果你稍有贪念，他们也会很快感觉得到。

然后我觉得是能为我加分的人。既然我拥有许多财富，我

必然是对财富持续努力着的，所以这就是我的人生。如果一位女性能够呼应我的人生追求的，那她就必然是我的真命天女，没什么好说的。她不必非得像我一样有迅速累积财富的能力，但是至少要有能力支持我去争取到更好的财富。

好，就这两点，没有其他的了，就是这么简单。

至于婆媳问题、家族荣誉那些东西，我觉得，通常你真心爱一个男人，而男人也满真心爱你的，那么这些问题就全部不会是问题，它们反而是你在爱他的路上，自己不做好也很难过的事情。

他爱他的母亲，所以他的母亲如果不开心，他就会大受影响。如果他受到影响，那么你的生活甜蜜度也会大受影响。我最近在边打毛线边看“天下父母心”，我们家老爷问我干嘛看这种戏，我就说：“因为我要follow婆婆的生活进度。”结果我们家老爷开心得不得了。

我个人是没有什么利益算计的事情，总之，我就是不要看见他难过挂心的表情。所以，什么婆媳家族问题都不是问题，都可以用智慧解决。只有我爱的人不开心，才是问题。

至于真要大阵仗去投合婆婆的喜好，那倒也不必。其实婆婆也是人，也是年纪比较大的女人而已，只要你对她真心诚意，她一定能感受到，不必非得送什么爱马仕包不可。你的婆婆和你一样，只是年纪大了点的女人，除此之外，她还是有资格成为你的姐妹淘。更重要的是，她会是对你贡献最大的姐妹淘。毕竟，她人生最重要的命根子都交付给你了，她还会多讨厌你啊?!

而女人和女人之间是交心，女人和婆婆之间也是交心而已。如果彼此懂了彼此的真心，那么根本不需要那些台面上无谓的作假。

我常常说出我婆婆不爱听的话，主要是因为我婆婆是佛心，对什么事情都包容以对。但我没什么佛心，我会直接告诉她，那些人对她说的根本是废话。可她还是非常地爱我。因为我对她很真心。她也不是什么豪门婆婆，但绝对是具备豪门气概的婆婆。

其实女生不必要照单全收什么家族规矩。说穿了，家族规矩也只是为了维系家族财富和名声而已，如果你自信有更好的idea去维系它，那么就用你的方法去做（但是不要否定长辈的做法，这是礼貌）。你的初衷如果是好的，就不必担心有人疑虑或不满。

我个人没有特别喜好那些“幸运的精子们”。说真的，我的择偶条件一直浪漫得不得了。

我觉得男人的身高无所谓，和我同高或比我高都好（我只有一百六十公分）。

男人的长相无所谓（但能帅就可以支持多一点热情）。

我只期望他是真的了解我，因为了解而有信任，因为信任而支持我达成我的梦想。男人现有的财富不重要，重要的是，他有没有能力创造出财富呢？如果他没有能力创造出财富，那是很可怕的。那代表着，现在我只是享受一时，可总有一天要

坐吃山空。当十年“贵妇”之后，谁知道接着会不会需要养数十年“老白脸”？

一个真心爱你的男人，又是有能力创造财富的男人，是最棒的。因为真心爱你，所以你花他的钱还可以大声对他说话；因为他有能力创造财富，所以你能得到的是他这一生所有工作所得。

以台湾币值来计算，就算年收入只有五十万元的男人，累积二十五年之后（台湾的退休年资），就是一千两百五十万元资产。所以基本上具备工作能力的男人，几乎这一生都是千万富翁逃不掉了。重点在于，目前有千万资产的男人，你不一定能得到他的千万，可能还要低声下气忍受他“有钱就敢大声”的死样子。忍受了几年之后，你得回头去养这个没有财富创造力的男人，那是怎样都不划算的。所以我觉得欧巴桑们都很聪明，因为她们都很扎实地享受到男人的千万资产。男人自己工作压力大、吃不好睡不好，贡献全都给了女人，还要感谢女人为他一辈子辛苦付出。这，才是女王级的人生啊！

至于那些“幸运的精子们”，如果没有自己的能耐，会不会一辈子都活在精子的状态呢？

嗯，我是不愿意和一个精子交往的。

后 记

找个值得爱的男人

虽然这一阵子工作上还颇为忙碌，但我仍然有认真在读读者来信，脑袋里也在思考这些问题，只是一直没有时间回应。

最近除了读者来信之外，还听见一些故事。说真的，我都好不忍心听下去、读下去。这些故事让我突然觉得，以前我恨得

牙痒痒的男人，除了不够爱我之外，其实做人也还满不错的。亲爱的，如果我曾经骂过你什么，请当我年少无知，那些统统都不算。你唯一不好的就是：没有如我期待中那样地爱我。

关于故事里那些男人的恶行恶状，不外乎是：

一、不体贴：这是基本型。就是完全不把女生的感觉当一回事，觉得女生的要求就是找麻烦，女生的悲伤哀怨就是无聊。

二、不老实：这是有点糟糕的类型。就是从来没对女生在感情上说过真话，也没对其他人在感情上说过真话。由于劈腿劈得凶，所以无法诚实，此乃现实之所不得不然。

三、不诚恳：比不老实再糟糕一点。就是不但没说真话，还常说假话，用花言巧语继续欺骗着女生付出。不诚恳的男人还满巴结的，要好处的时候会变成可爱的小狗，没好处的时候就变成大野狼。

四、有点贱：比不诚恳再糟糕一点。左手向女生要好处（肉体或金钱），右手给另一个女生好处。

五、很贱：比有点贱更糟糕一点。左手向女生要好处（肉体或金钱），右手再打女生一巴掌，说是你欠我的。

爱情里需要绝对的公平吗？我觉得不需要。就像我婚前老吃着男友烤焦的火腿蛋三明治，而且让他帮我洗衣服，但婚后我不让男人进厨房或者做任何家务，连倒一杯热开水都服侍到底。为什么？因为他对我很好，我这么做很爽。他有种以大男人的姿态自我要求，我就有种以小女人的姿态自我要求。

这里的付出和收获不可能在天平上达到绝对的公平，但是有达到“你快乐我也爽快”的目标。而且基于这样的快乐与爽快，两人之间就有能量继续创造出幸福，创造出自我的成就感。

为什么同样是人生父母养的，有尊严有自我的女人，愿意继续爱这样的男人呢？我没有学过心理学，而且不大想把这种苦当成女人自找的。所以亲爱的，你一点都不是喜欢吃苦的人，也不是热爱这么生活着的人，你只是不小心以为，这是你所能找到的最好的爱情了。

这就很像当我们还一穷二白的时候，以为百万富翁很了不起，可是等到财富日渐累积之后，甚至还觉得拥有千万财富颇穷的，无法潇洒退休。

我小时候见不多识不广，以为男人只有“很烂”的这一种，然后我只能从“很烂”的当中，挑到一些勉强能用的。可等到我长大之后，见过一些很棒的男人之后，如果有人还告诉我“男人都很烂”这种话，我反而会跳起来为男人说话：谁说的？男人可好得很，我认识的男人几乎没有不好的，有钱又有事业又体贴又专情又老实又可爱，你可以认识这个世界真正的男人。

为什么你还这么地爱着这样一个不把你当一回事的男人？那只是因为你以为他是爱你的，就好像你永远相信番泻叶是最好的减肥药一样。在你不知道有营养师可以直接帮你改善肥胖

体质之前，你相信了体重计、相信了番泻叶、相信了泻药……而这些东西迟早要了你的命，却绝对不会给你完美的身材。

为什么这么可怕的东西你还要吃它们？那当然是因为，商品的广告营销做得很好，说服了你。

为什么这么可怕的男人你还要爱他们？那当然是因为，他们一直是非常优秀的商品营销部门，只负责销售而不负责产品质量，甚至连客诉都不必负责的。你也知道，现在企业分工细密，你打电话去投诉说，你当初办卡时被欺骗了所以多了一张卡，而客服人员也只能告诉你："那是营销单位的问题，和我们银行无关，但您的问题我会回复给主管，非常谢谢您的来电。"你整个傻眼……

拥有投诉单位的企业还算很不错，至少愿意听听你的心声，敷衍你两下。可你记得不记得，有些企业的客服专线就是形同虚设，永远只有语音留言，而没有任何人会回应你的投诉。最糟糕的就是商品上只打一个虚设的公司地址，虽然广告打得很大，但就是一个无照公司，推出的减肥药也没有卫生署核准字号。但你却还敢吃！为什么？因为它的广告说词太好，而你心里有一个吃了就可能会变成林志玲的美梦啊！

好了，结果你吃到身体坏掉了，要企业负责，而对方有钱请强大的律师团和你诡辩到底，说你要负举证责任，说你要负担部分责任或全部责任，说他们一开始就把减肥药的成分说得很清楚了，你没有好好详查是你的问题。你能在法庭上说“可你们当初的广告感动了我呀！”于是，充满希望如同节庆般的欢愉，顿时变成绝望的地狱。

亲爱的，其实你只是相信过，他能用直升机带你前往天堂。相信天堂的人，是没有任何错误的，但相信搭直升机去天堂，就是一个失误。坏男人最厉害的广告营销，就是让你相信搭着直升机就可以去天堂。结果你要准备很多钱、要学会驾驶直升机的技巧、要学好太空漫步……反正你就是要忍耐一直学下去，最后才会到达天堂。

你必须一直学，就如同你不能停止吃减肥药或止痛药一样，不然厂商怎么活得下去？而它也必须不断地变化营销词，才会说服你持续贡献辛苦钱。而好男人只会告诉你：“亲爱的，我们终究会去天堂喔，只要我们一起努力存钱，就可以一起去报名NASA的太空旅游行程了。你存不到没有关系，我会努力帮我们两个人一起存到钱的。所以你只要爱我就好了，baby，用你开心的方式，爱我。”

为什么我愿意这么做？那是因为我爱你，原原本本的你。

因为“与你分享的快乐胜过独自拥有”。如果我有一个可以一同带去天堂陪伴我的名额，那个名额就是留给你的。

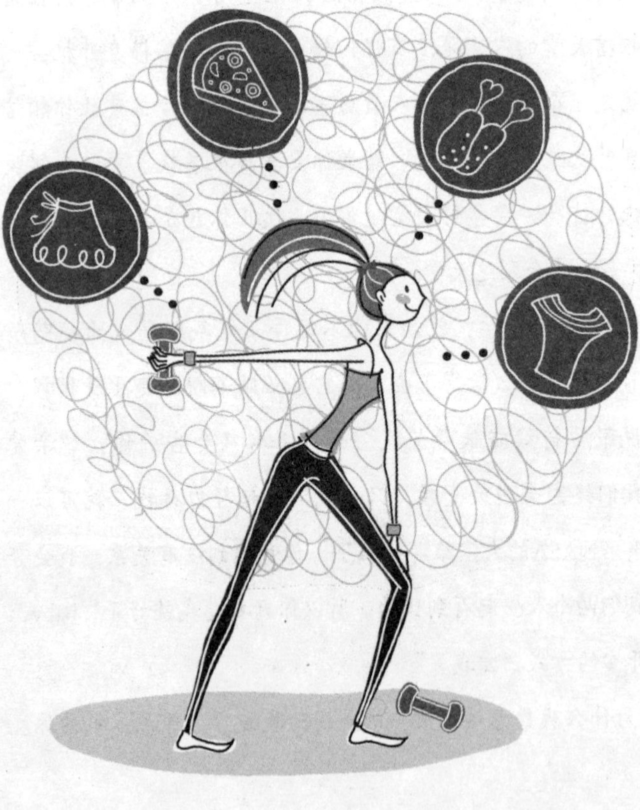

图书在版编目（CIP）数据

25岁以后，嫁不嫁都幸福/郑洁心著. --南京：东南大学出版社，2012.10

ISBN 978-7-5641-3757-1

Ⅰ.①2… Ⅱ.①郑… Ⅲ.①女性-幸福-通俗读物 Ⅳ.①B82-49

中国版本图书馆CIP数据核字（2012）第215643号

本书由良品文化馆授权在中国大陆地区出版简体字本
江苏省版权局著作权合同登记
图字：10-2012-243号

25岁以后，嫁不嫁都幸福

出版发行	东南大学出版社
出 版 人	江建中
社　　址	南京市四牌楼2号
责任编辑	马　伟
电　　话	（025）83791797
经　　销	全国各地新华书店
印　　刷	南京四彩印刷有限公司
开　　本	880 mm×1230 mm　1/32
印　　张	5.75
字　　数	132千字
版 印 次	2012年10月第1版　2012年10月第1次印刷
书　　号	ISBN 978-7-5641-3757-1
印　　数	1~6000册
定　　价	22.00元

本社图书若有印装质量问题，请直接与营销部联系。
电话：025-83791830